全国高等院校环境科学与工程统编教材

海洋资源与环境

侯国祥　　王志鹏　编

U0343180

华中科技大学出版社

中国·武汉

内 容 提 要

本书包括海洋权益、潮汐、风力资源、波浪力资源、盐度梯度、矿产资源、生物资源、海洋资源开发现状、赤潮、天然气水合物等内容。前两章主要介绍与海洋有关的概念；后面的章节主要就不同资源的利用形式、开发技术的发展情况，以及发展的前景等进行分析和讨论。

本书可作为高等院校海洋资源、环境类专业的教材使用。

图书在版编目(CIP)数据

海洋资源与环境/侯国祥，王志鹏编. —武汉：华中科技大学出版社，2013.2（2023.8重印）
ISBN 978-7-5609-8646-3

Ⅰ.①海… Ⅱ.①侯… ②王… Ⅲ.①海洋资源-高等学校-教材 ②海洋环境-高等学校-教材
Ⅳ.①P74 ②X21

中国版本图书馆 CIP 数据核字(2012)第 304636 号

海洋资源与环境 侯国祥　王志鹏　编

策划编辑：王新华
责任编辑：孙基寿
封面设计：阮志翔
责任校对：张　琳
责任监印：徐　露
出版发行：华中科技大学出版社（中国·武汉）　　电话：(027)81321913
　　　　　武汉市东湖新技术开发区华工科技园　　邮编：430223
录　　排：华中科技大学惠友文印中心
印　　刷：广东虎彩云印刷有限公司
开　　本：710mm×1000mm　1/16
印　　张：10.75
字　　数：228千字
版　　次：2023年8月第1版第9次印刷
定　　价：28.00元

全国高等院校环境科学与工程统编教材
编写指导委员会

全国高等院校环境科学与工程统编教材
作者所在院校

南开大学	中山大学	中国地质大学	东南大学
湖南大学	重庆大学	四川大学	东华大学
武汉大学	中国矿业大学	华东理工大学	中国人民大学
厦门大学	华中科技大学	中国海洋大学	北京交通大学
北京理工大学	大连民族学院	成都信息工程学院	河北理工大学
北京科技大学	东北大学	华东交通大学	华北电力大学
北京建筑工程学院	江苏大学	南昌大学	广西师范大学
天津工业大学	江苏工业学院	景德镇陶瓷学院	桂林电子科技大学
天津科技大学	扬州大学	长春工业大学	桂林理工大学
天津理工大学	中南大学	东北农业大学	仲恺农业工程学院
西北工业大学	长沙理工大学	哈尔滨理工大学	华南师范大学
西北大学	南华大学	河南大学	嘉应学院
西安理工大学	华中师范大学	河南工业大学	广东石油化工学院
西安工程大学	华中农业大学	河南理工大学	浙江工商大学
西安科技大学	武汉理工大学	河南农业大学	浙江农林大学
长安大学	中南民族大学	湖南科技大学	太原理工大学
中国石油大学（华东）	湖北大学	洛阳理工学院	兰州理工大学
山东师范大学	长江大学	河南城建学院	石河子大学
青岛农业大学	江汉大学	韶关学院	内蒙古大学
山东农业大学	福建师范大学	郑州大学	内蒙古科技大学
聊城大学	西南交通大学	郑州轻工业学院	内蒙古农业大学
泰山医学院	成都理工大学	沈阳大学	沈阳工业大学

前　　言

　　海洋资源指的是与海水水体及海底、海面本身有着直接关系的物质和能量,它涉及生物科学、环境科学等多个学科。海洋之所以是 21 世纪人类社会生存和可持续发展的物质基础,是因为海洋中资源总量巨大。

　　人们认同海洋资源的丰富,也仅仅是笼统的概念,对其资源的类型、利用情况以及发展前景等的了解并不充分。本书根据笔者大学教学的经验,对海洋资源及海洋环境进行了系统的介绍,希望能够对本科教学、学科发展以及海洋资源知识的普及尽绵薄之力。在此,也对同行的支持和帮助表示真挚的感谢。

　　全书共 10 章。第 1 章介绍海洋权益,围绕海洋权益的发展、海洋法规的制定和作用,我国的海洋权益进行介绍。第 2 章介绍潮汐的基本知识、潮汐的形成原因、潮汐能及潮汐能发电的特点,以及潮汐能的应用情况。第 3 章针对性地对风力资源、风力发电、海上风力发电的准备条件及技术要求、海上风力发电现状,以及海上风力发电技术的发展趋势进行了介绍。第 4 章介绍海浪、海浪的统计分析、波浪能。第 5 章介绍盐度梯度、盐度分布、盐差能。第 6 章介绍海洋矿产资源、海洋矿产资源的获取技术、海洋矿产资源的开发利用现状。第 7 章介绍海洋生物资源、海洋生物资源的分类、海洋生物资源的用途、海洋生物资源的开发和保护。第 8 章介绍世界各国对海洋的开发情况、我国的海洋开发情况、海洋开发面临的环境问题。第 9 章介绍赤潮的产生、赤潮的危害、赤潮的预防与监测、赤潮的治理方法。第 10 章介绍天然气水合物基本知识、各国对天然气水合物的开发情况,以及我国对天然气水合物开发的策略。

　　本书在编写过程中得到了陈力、余洋、金鸿奎、上官云飞、郑礼建、唐振远、黄兴、肖伟、刘伟、陈游洋等的大力支持和帮助,在此一并表示感谢,同时感谢华中科技大学出版社为本书的出版提供了大力支持。在本书出版之际,我们向书中所引用的文献资料的作者表示衷心的感谢。

　　由于编者水平和编写经验有限,书中难免存在不足之处,恳请有关专家、老师、学生与科学工作者提出宝贵意见,以便再版修订时完善。

编　者

2012 年 10 月

目　　录

第 1 章　海洋权益 ·· （1）

1.1　海洋权益的发展 ··· （1）

1.2　海洋公约 ··· （7）

1.3　我国的海洋权益 ·· （10）

第 2 章　潮汐 ·· （21）

2.1　潮汐概述 ··· （21）

2.2　潮汐形成原因 ·· （24）

2.3　潮汐能及潮汐能发电的特点 ··· （29）

2.4　潮汐能应用情况 ·· （33）

第 3 章　风力资源 ··· （37）

3.1　风力资源简介 ·· （37）

3.2　风力发电 ··· （40）

3.3　海上风电的准备条件及技术要求 ·· （47）

3.4　海上风力发电现状 ··· （48）

3.5　海上风力发电技术的发展趋势 ·· （50）

第 4 章　波浪力资源 ··· （51）

4.1　海浪简介 ··· （51）

4.2　海浪的统计分析 ·· （53）

4.3　波浪能 ·· （57）

第 5 章　盐度梯度 ··· （64）

5.1　盐度梯度简介 ·· （64）

5.2　盐度分布 ··· （67）

5.3　盐差能 ·· （74）

第 6 章　海洋矿产资源 ·· （80）

6.1　海洋矿产资源简介 ··· （80）

6.2　海洋矿产资源的获取技术 ··· （89）

6.3　海洋矿产资源的开发利用现状 ·· （91）

第 7 章　海洋生物资源 ·· （99）

7.1　海洋生物资源概述 ··· （99）

7.2　海洋生物资源的分类 ··· （100）

7.3　海洋生物资源的用途 ··· （103）

7.4　海洋生物资源开发和保护 …………………………………………… (108)

第8章　海洋资源开发现状…………………………………………………… (111)

8.1　海洋开发概述 ………………………………………………………… (111)

8.2　海洋开发的现状 ……………………………………………………… (113)

8.3　我国的海洋开发状况 ………………………………………………… (118)

8.4　我国海洋开发面临的环境问题 ……………………………………… (128)

第9章　赤潮……………………………………………………………………… (131)

9.1　赤潮的发生 …………………………………………………………… (131)

9.2　赤潮的危害 …………………………………………………………… (136)

9.3　赤潮的预防与监测 …………………………………………………… (149)

9.4　赤潮的治理方法 ……………………………………………………… (152)

第10章　天然气水合物………………………………………………………… (153)

10.1　天然气水合物概述…………………………………………………… (153)

10.2　各国对天然气水合物的开发………………………………………… (156)

10.3　我国天然气水合物开发策略………………………………………… (158)

主要参考文献……………………………………………………………………… (161)

第1章 海洋权益

海洋作为人类社会可持续发展不可或缺的资源宝库和天然通道,是国际政治经济和军事斗争的重要舞台,它对国家安全所起到的作用也越来越突出。海洋战略地位的提高,使海洋权益这一概念,不仅有着深刻的法理意义,而且有极强的实践性。近年来,围绕海洋权益的斗争日益尖锐,各国在海洋上的角逐不断升温。本章主要讲述海洋权益的发展、海洋公约的形成以及我国海洋权益的相关知识。

1.1 海洋权益的发展

1.1.1 海洋权益的定义

20世纪90年代,我国颁布了两部海洋法规,将海洋权益概念引进国家的法律中。此后,海洋权益作为一个崭新的法律概念,开始为人们所关注。那么,什么是海洋权益呢?

首先,海洋权益属于国家的主权范畴,它是国家领土向海洋延伸形成的权利。或者说,国家在海洋上获得的属于领土主权性质的权利,以及由此延伸或衍生的部分权利。国家在领海区域享有完全排他性的主权权利,这和陆地领土主权性质是完全相同的。在毗连区享有的权利,也属于排他性的,主要有安全、海关、财政、卫生等管辖权。这个权利是由领海主权延伸或衍生过来的权利。在专属经济区和大陆架,享有勘探开发自然资源的主权权利,这是专属权利,也可以理解为仅次于主权的"准主权"。另外,还拥有对海洋污染、海洋科学研究、海上人工设施建设的管理权。这可以说是上述"准主权"的再延伸,因为沿海国家只有先在专属经济区和大陆架拥有专属权利,然后才会拥有这些管辖权。

其次,海洋权益是国家在海洋上所获得的利益,或者可以通俗地说是"好处"。当然,利益或"好处"是受国家法律保护的。一般地说,海洋权益的内涵主要有以下几点:一是海洋政治权益,如海洋主权、海洋管辖权、海洋管制权等,这是海洋政治权益的核心;二是海洋经济权益,主要包括开发领海、专属经济区、大陆架的资源,发展国家的海洋经济产业等;三是海上安全利益,主要是使海洋成为国家安全的国防屏障,通过外交、军事等手段,防止发生海上军事冲突;四是海洋科学利益,主要是使海洋成为科学实验的基地,以获得对海洋自然规律的认识等。此外,还有海洋文化利益,如海上观光旅游、举办跨海域的文化活动等。显然,海洋权益这一概念,不仅有着深刻的法理意义,而且有极强的实践性。

1.1.2　海洋权益的发展

人类的发展是从陆地发起的,但是自古就有文人义士对广袤无垠的大海产生了无限的遐想。人类的漫长历史过程中,感知、认识、探索和征服海洋也是一个漫长而艰辛的过程。当今人类在发展的同时,对于海洋的探索也是越来越深入了。

人类早期生活在海边的村落就是"兴渔盐之利,通舟楫之便"。早期探索海洋的记载大多是从已经风化的历史古迹上得出的。五六千年以前,人们都是傍海傍河生存的。沿海的人们以海边采贝壳获取贝壳肉为主食,后来发明了渔船,有了纺轮、坠网、鱼钩、鱼叉等渔具。早期的历史文献已经表明了人们对海洋的初步认识就是"靠海吃海",我们可以认为,当时的人们把海洋当做和陆地一样的,认为海洋就是大一点的水洼。

后来有了渔盐的发展,而且人们也逐渐认识到海上运输的重要性,我们可以看到在古代人的生活中,沿海人开始了自己的"舟楫文化",有了最初的航线和港口城市。人类大概在至少 60000 年前已经利用小船从东南亚由海路到达了新几内亚,那是冰河时期,海洋较浅,海岛之间距离更短。我国在六朝时船舰已能进行远洋航行。《太平御览》卷七百六十九引《南州异物志》记述我国在六朝时期的造船技术:"外域人名船曰舶,大者长二十余丈,高去水三二丈,望之如阁道,载六七百人,物出万斛。"《荆州记》亦载:"湘州七郡,大盘艑之所出,皆受万斛。"

这一切都体现了人类对海洋的探索在不断地深入,在航海技术的发展和造船技术的推进中,各个海上活动中心出现了,在每个航海的焦点上都会出现这样或者那样的矛盾,在这个阶段人们就是"就近航海,有点小小的摩擦"。自从人类开始利用船只运输以来,海盗便应运而生。到了 16 世纪,航海日趋发达,商业发达的沿海地带都有海盗,他们往往以犯罪团体的形式打劫商业船只。世界上很多典籍记载了海盗的行迹。因此,某一时期的海盗就有一些专属性的名称,如中文的倭寇,英文的 buccaneer(尤指 17 世纪与 18 世纪在西印度群岛掠夺西班牙船只的海盗)。1691 年至 1723 年的这段时间,被称为为期 30 年的海盗"黄金时代":成千上万的海盗活动在商业航线上。这个时代的结束以巴沙洛缪・罗伯茨的死为标志。

人类历史上第一次海战是发生在公元前 1210 年的塞浦路斯海战。公元前 550 年,强大的西亚波斯帝国进军欧洲,其大部分军队也是从海上向希腊进军的,但是有三次都是被大海征服的,最后一次虽成功登陆,但在希腊的萨拉米斯海湾惨败。

随后希腊雅典也组建了强大的海军,地米斯托克利还建立了雅典城的海上港口"长城"。后来的罗马人征服了地中海,使得海洋贸易有了很大的发展。

1492 年哥伦布到达美洲后,西班牙、葡萄牙两国为争夺殖民地、市场和掠夺财富而长期处于战争状态。为缓和两国日益尖锐的矛盾,教皇亚历山大六世出面调解,于1493 作出仲裁:在大西洋中部亚速尔群岛和佛得角群岛以西 100 里格(league,1 里格合 3 海里,约为 5.5 km)的地方,从北极到南极划一条分界线,史称教皇子午线。

线西属于西班牙人的势力范围,线东则属于葡萄牙人的势力范围。葡萄牙国王若昂二世对此表示不满,要求重划。1494 年 6 月西、葡两国签订了《托德西利亚斯条约》,将分界线再向西移 270 里格。这条由教皇作保规定的西、葡两国同意的分界线,开近代殖民列强瓜分世界、划分势力范围之先河。

当麦哲伦的船队航抵摩鹿加群岛(今马鲁古群岛)以后,西、葡两国对该群岛的归属问题又发生了争执。1529 年双方又签订《萨拉戈萨条约》,西、葡两国首次瓜分了整个地球,疯狂地进行殖民掠夺。

15—16 世纪,荷兰的造船业居世界首位。仅在首都阿姆斯特丹就有上百家造船厂,全国可以同时开工建造几百艘船。荷兰的造船技术是世界上最先进的,船的造价比英国低 1/3～1/2。其商船吨位占当时欧洲总吨位的 3/4,拥有 1.5 万艘商船,几乎垄断了海上贸易。阿姆斯特丹是当时的国际贸易中心,港内经常有 2000 多艘商船停泊。最鼎盛时期,荷兰的海军舰只几乎超过了英、法两国海军舰只的 1 倍。它们在世界各大洋游弋,保护本国商船,并从事海外殖民掠夺。

在亚洲,1595 年荷兰人首次绕过好望角,到达印度、爪哇。不久,荷兰舰队便在爪哇和马六甲海峡两次打败葡萄牙舰队,并且不断追捕、抢劫中国商船,垄断了东方贸易。1602 年,荷兰成立东印度公司,专门控制这一地区的贸易,还一度侵占我国的澎湖、台湾。

在美洲,荷兰于 1621 年成立西印度公司,把持西北非洲与美洲之间的贸易,并在北美侵占了一块殖民地,建立了以新阿姆斯特丹(即现在的纽约)为中心的新荷兰。

在非洲,荷兰在东西方交通的咽喉——南非的好望角,修筑要塞,营建殖民地,在那里开辟种植园,保证过往船只的淡水、粮食的供应。

但是,"海上马车夫"的好景不长。从 17 世纪中叶,英国、荷兰便在各大海洋展开了海上争霸战,后来法国也参与进来。法荷战争席卷了荷兰本土,最终以荷兰的惨败而告终。在海上争霸过程中,曾经出现过三个"日不落帝国",日不落帝国是指照耀在部分领土上的太阳落下而另一部分领土上的太阳仍然高挂的帝国。

1. 西班牙帝国

15 世纪末,收复失地运动成功后,西班牙统一,它迅速走上了向海外扩张的道路。16 世纪中期,西班牙和葡萄牙是地理大发现和殖民扩张的先驱,并在各大海洋开拓贸易路线,使得贸易繁荣,西班牙横跨大西洋到美洲,从墨西哥横跨太平洋,经菲律宾到东亚。西班牙征服者推翻了阿兹特克、印加和玛雅文明,并对南北美洲大片领土宣称拥有主权。西班牙王室与欧洲各王室联姻,取得了大片领地的继承权。卡洛斯一世时期,西班牙王位和神圣罗马帝国皇位合二为一,使西班牙在欧洲的影响力迅速提高。卡洛斯一世打败了最强大的敌人法国和奥斯曼帝国,西班牙遂开始称霸欧洲。16 世纪中期开始,西班牙哈布斯堡王朝利用美洲采矿所得的金银取得更多军费,以应付在欧洲和北非的长期战争。腓力二世时期,虽然西班牙与神圣罗马帝国分治,但哈布斯堡王室的力量并没有削弱,反而于 1580 年兼并葡萄牙帝国(后于 1640

年失去），并获得了后者广阔的殖民地，把半个尼德兰、半个亚平宁半岛、整个伊比利亚半岛和几乎整个中、南美洲归为己有，还包括亚洲的菲律宾群岛，甚至一度包括台湾。自此，西班牙一直维持着世界上最大的帝国，西班牙帝国的地图如图 1.1 所示。

图 1.1　西班牙帝国的地图

16 世纪至 17 世纪的西班牙正处于黄金时期，是欧洲无可争议的霸主，缔造了被后世称为"西班牙治下的和平"时代。1800 年的西班牙帝国的领土面积约为 1630 万平方公里。

2. 大英帝国

自 1588 年击败西班牙无敌舰队后，英国逐渐取代西班牙，成为海上新兴的霸权国家，开始不断扩张海外殖民地。之后，英国相继在英荷战争和七年战争中打败最强劲的对手荷兰和法国，夺取了两国的大片殖民地，确立了海上霸权。1815 年英国在拿破仑战争中的胜利又进一步巩固了它的国际政治军事强权地位，工业革命更让英国成为无可争辩的经济强权国家。维多利亚时代的大英帝国步入了全盛时期，1921 年，当时全球约四分之一的人口，4 亿～5 亿人都是大英帝国的子民，其领土面积约有 3700 万平方公里，是世界陆地总面积的 24.75%，从英伦三岛蔓延到中国香港、冈比亚、纽芬兰、加拿大、新西兰、澳大利亚、马来西亚、缅甸、印度、乌干达、肯尼亚、南非、尼日利亚、马耳他、新加坡以及无数岛屿，地球上的 24 个时区均有大英帝国的领土。英国霸权领导下的国际秩序被称为"不列颠治下的和平"。大英帝国地图如图 1.2 所示。

3. 美利坚帝国

美利坚帝国是一个维持到现在的帝国，也是由海洋发家，它和前面所讲的两个帝国一样占有世界上大量的资源，但是，它的发家和上面的两个帝国又有些不同。美国没有帝王，其国家元首亦非世袭，因此它不是狭义上的帝国。但在广义上，美国今于波多黎各、美属萨摩亚、关岛等境外领土，及过去在太平洋托管岛屿与菲律宾等地，俱掌握其主权，因而在此亦可视之为广义上的帝国。

图 1.3 上标示的是 1950 年美国实际控制的国家和地区。为什么美国可以在极短的时间内占有大量的土地呢？除了和另外两个国家一样有强大的海军实力外，还

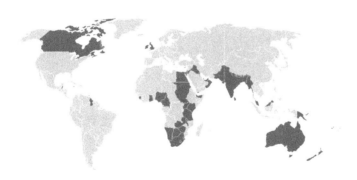

图 1.2　大英帝国地图

图 1.3　美利坚帝国控制地区示意图

有国际形势的配合,更重要的是,有一位伟大的人物在这个时候提出了海权论。

1.1.3　海权论

海权论是美国海洋历史学家马汉创立的,他在 1980 年出版了《海权对历史的影响》,这本书成为世界列强的"海军圣典"。马汉认为,制海权对一个国家的力量最为重要。海洋的主要航线能带来巨大的商业利益,因此必须有强大的舰队确保制海权,以及足够的商船与港口来利用这一利益。马汉也强调海洋军事安全的价值,认为海洋可保护国家免于在本土交战,马汉认为制海权对战争的影响比陆军更大。马汉主张美国应建立强大的远洋舰队,控制加勒比海、中美洲地峡附近的水域,进一步控制其他海洋,再进一步与列强共同利用东南亚与中国的海洋利益。马汉的海权论对日后各国政府的政策影响甚大。美国前总统西奥多·罗斯福控制中美洲的"巨棒政策"是以马汉理论为基础的。冷战结束后,美国在亚太地区的部署都以马汉理论为原形。下面讨论一个国家的地理位置、自然地理形态、国家领土大小范围、人口数量、民族性、政府的性质和政策等六项基本因素对海权的影响。

1. 地理位置

最理想的位置是居中央位置的岛屿,并靠近主要的贸易通道上,有良好的港口和海军基地。例如,不列颠群岛与欧洲大陆的距离不远不近,既足以使英国获得对抗外敌入侵的相当安全保障,又便于打击敌人,换言之,进可攻退可守。

2. 自然地理形态

绵长的海岸线及良好可用的港口是影响海权的重要因素。海岸线可决定向海洋发展的难易程度,良好港湾则代表向海发展的先天潜力,海岸线是国家边界的一部分,凡是一个国家其疆界易于与外界接触者,其人民便较容易向外发展,与外面世界相交往。土地的肥沃与否影响着靠海为生的意愿和需求。地形平坦、土地肥沃可能使人民安土重迁,不愿投身海洋,如法国。相反,则使靠海的人们不得不靠海为生,如荷兰、葡萄牙。岛及半岛国家受限于地形,如欲奋发图强,则必须重视海权的发展。

3. 国家领土大小范围

马汉认为,国土的大小必须与人口、资源及其他权力因素相配合。一个国家人口的总数与海岸线总长度的比例极其重要。否则广大的领土可能反而成为弱点。领土幅员应和人口、资源等因素相配合,地广人稀、过度绵长的海岸线及内陆水道众多等,有时反而成为弱点,如美国南北战争时南方就是这种情况。

4. 人口数量

人口数量和素质是海权的重要基础,海权国家不仅应有相当数量的从事航海事业的人口,而且其中直接参加海洋生活的人数更应占相当高的比例。国家的无战争状态的航海事业(包括航运和贸易)足以决定其海军在战争中的持久力。英国即为典型例证,它不仅是航海国家,而且是造船和贸易国家,拥有发展海权的必要人力与技术资源。想向海洋发展的国家,不仅应有相当数量的人口,而且其直接或间接参加海洋活动的人数也应占较高的比例。

5. 民族性

国民对海上贸易的意愿及航海生产能力的心理因素极为重要。若国民以向海洋寻求财富为荣,航海事业则自然蓬勃。海洋商业与海军的结合,再加上殖民地的开拓,终使英国成为海权霸主。主要为贸易愿望(重商主义)和生产能力,有此心理基础,其人民才会向海洋发展以寻求财富。

6. 政府的性质和政策

政府必须明智而坚毅,这样才能对海权做长期发展计划。政府若明智而坚毅,培养其人民对海洋的兴趣,则海权的发展也自然比较容易成功。

马汉认为,海权与陆权相互制约又相互依存,海权的运用必须遵守“战争法则”,即集中优势兵力原则、摧毁敌人交通线原则、舰队决战原则和中央位置原则等。

马汉认为,战争不是战斗而是实业。一个国家一旦赢得了海洋的控制权,就可以使其依靠海军拥有在世界上获得资源的途径并保持畅通,同时相应地使得敌人失去这种权利而扼杀其经济,从而使得本国的经济得到有效的发展。

从战略的角度上来看,马汉的海权思想对美国在 20 世纪崛起成为海权强国有着很大的影响。

在马汉及其海权论的推动下,美国 19 世纪末的海外扩张取得了空前的成功,为以后美国的发展奠定了基础。在此后的历史发展中,马汉的海权论受到各国的重视。特别是日俄战争中的对马海战、第一次世界大战中的日德兰海战,这些战争对马汉海权论进行了成功的检验。马汉学说在美国的对外战略中开始上升到支配地位。一直到第二次世界大战及大战后,马汉主义始终是美国思想和美国活动中的一个有力因素。

第二次世界大战的海上战争是对马汉海权论的一次最全面、最完整的实践和检验,大战的实践也修正、补充了马汉的海权论。作为第二次世界大战的基本战略方针,马汉的后来人在新的技术和新的战争情况下,忠实地履行了马汉海权论的基本原则,并发展了马汉海权论,最终赢得了第二次世界大战的胜利。

1.2　海洋公约

1.2.1　海洋公约的制定

联合国历史上一共举行了三次海洋法会议。第一次海洋法会议于 1958 年 2 月 24 日至 4 月 27 日在日内瓦召开,达成以下公约:领海及毗连区公约、大陆架公约、公海公约、捕鱼及养护公海生物资源公约。第二次是 1960 年 3 月 17 日至 4 月 26 日在日内瓦召开,该次会议什么协议都没有达成。最后一次,也就是第三次会议,1973 年联合国在纽约再度召开会议,预备提出一套全新条约以涵盖早前的几项公约。1982 年断续而漫长的会议,终于以各国代表共识表决达成结论,决议出一本整合性的海洋法公约。依规定,该公约在 1994 年第 60 国签署后生效。该公约对有关“群岛”定义、专属经济区、大陆架、海床资源归属、海洋科研以及争端仲裁等都做了规定。会议从 1973 年 12 月 3 日开始,先后召开了 11 期共 15 次会议,直到 1982 年 4 月 30 日通过《联合国海洋法公约》(以下简称《公约》)。这次一共有 160 多个国家参加了会议,虽然《公约》是多个国家角力的产物,但总体上是迄今为止最全面的、最综合的管理海洋的国际公约。

1.2.2　海洋公约的内容

如图 1.4 所示,海洋公约规定了领海基线、内海水、领海、毗连区、专属经济区、大陆架、群岛国水域、公海、内陆国等内容。简单介绍如下。

1. 领海基线

领海基线通常是沿海国的大潮低潮线(low-water line)。但是,在一些海岸线曲折的地方,或者海岸附近有一系列岛屿时,允许使用直线基线的划分方式,即在各海岸或岛屿确定各适当点,以直线连接这些点,划定基线。其法律效应和陆地的一样,领海基线也是领海与内水的分界线。

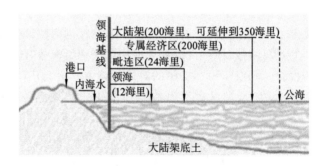

图 1.4　海洋公约的基本约定

2. 内海水

内海水涵盖基线向陆地一侧的所有水域及水道。沿岸国有权制定法律规章加以管理,而他国船舶无通行之权利。

3. 领海

领海是指基线以外 12 海里之水域,沿岸国可制定法律规章加以管理并运用其资源。外国船舶在领海有“无害通过”(innocent passage)之权。而军事船舶在领海国许可下,也可以进行“过境通过”(transit passage)。领海是国家领土的组成部分。领海的上空、海床和底土,均属沿海国主权管辖。

(1)无害通过　一是穿过领海但不进入内水或停靠内水以外的泊船处或港口设施;二是驶往或驶出内水或停靠这种泊船处或港口设施。通过时应继续不停和迅速进行。通过包括停船和下锚在内,但以通常航行所附带发生或由于不可抗力或遇难所必要或为救助遇险或遭难人员、船舶或飞机的目的为限。无害通过权的条件是指外国船舶通过领海必须是无害的,“无害”是指不损害沿岸国的和平、良好秩序或安全。

(2)过境通过　外国船舶或飞机自由地和继续不停地迅速通过用于国际航行的海峡(即使该海峡完全处在沿岸国的领海范围以内),由公海的一个海域或一个专属经济区到公海的另一个海域或另一个专属经济区的航行。但如果海峡是由海峡沿岸国的大陆和该国的一个岛屿所形成,而在该岛屿向海峡方面有一条在公海或专属经济区的同样便利的航路可用,则不得在该海峡作此种航行。

(3)司法管辖　根据国家的属地优越权,各国对在本国领海内发生的一切犯罪行为,包括发生在外国船舶上的犯罪行为,有权行使司法管辖。但在实践过程中,对领海内外国商船上的犯罪行为是否行使刑事管辖权,各国大都从罪行是否涉及本国的安全和利益考虑。对驶离内水后通过领海的外国船舶,沿海国可行使较为充分的刑事管辖权。

4. 毗连区

毗连区也称临接海域、毗邻区,在领海之外的 12 海里,也就是在领海基线以外 24 海里到领海之间,称为临接海域(contiguous zone)。在本区,沿岸国可以执行管辖领海的反走私、反偷渡法律。在国家设立专属经济区后,毗连区首先是专属经济区的一部分,但由于国家可以在毗连区实施上述方面的管制权,所以毗连区又是有别于专属经济区的特殊区域。

5. 专属经济区

专属经济区也称为排他性经济海域,专属经济区是指领海基线起算,不应超过200 海里(370.4 公里)的海域,并除去离另一个国家更近的点。这一概念原先发源于渔权争端,1945 年之后随着海底石油开采逐渐盛行,引入专属经济区观念更显迫切。专属经济区所属国家具有勘探、开发、使用、养护、管理海床和底土及其上覆水域自然资源的权利,对人工设施的建造使用、科研、环保等的权利。其他国家仍然享有航行和飞越的自由,以及与这些自由有关的其他符合国际法的用途(铺设海底电缆、管道等)。

专属经济区的权利如下。

(1) 沿海国对自己专属经济区内的生物及非生物资源享有所有权,享有勘探开发、养护和管理的权利。

(2) 沿海国对专属经济区的人工岛屿、设施和结构的建造和使用享有管辖权,可在专属经济区内对违反规章、负有债务责任等事宜行使民事管辖,使用司法程序。沿海国在平时对通过自己的专属经济区的外国船舶上的刑事犯罪没有刑事管辖权,但当这种罪行后果侵害了沿海国在专属经济区内的主权,或者罪行发生在领海且后果及于该国时,沿海国则可以行使刑事管辖权,并可采取法律授权的任何步骤。当船舶在专属经济区内发生碰撞并涉及刑事责任和纪律责任时,沿海国也有刑事管辖权。

(3) 对海洋科学研究的专属管辖权。

(4) 对海洋环境的保护和保全。

6. 大陆架

依照《公约》沿用大陆架公约规定,称"大陆架"者谓:邻接海岸但在领海以外之海底区域之海床及底土,其上海水深度不逾二百米,或虽逾此限度,而其上海水深度仍使该区域天然资源有开发之可能性者;邻接岛屿海岸之类似海底区域之海床及底土。而沿海国为探测大陆架及开发其天然资源,对大陆架行使主权上的权利,沿海国如不探测大陆架或开发其天然资源,非经其明示同意,任何人不得从事此项工作或对大陆架有所主张。沿海国对大陆架之权利不以实际或观念上之占领或明文公告为条件。所称"天然资源",包括在海床及底土之矿物及其他无生资源以及定着类之有生机体,亦即于可予采捕时期,在海床上下固定不动,或非与海床或底土在形体上经常接触即不能移动之有机体。但沿海国对于大陆架之权利,不影响其上海水为公海之法律地位,亦不影响海水上空之法律地位。

7. 群岛国水域

由于群岛国与大陆型国家的地理形势差异甚大,所以《公约》在其第四章对群岛国(archipelagic states,如日本、印度尼西亚、菲律宾等)的领海画法和海上权利做了单独规定。群岛国的领海基线应从其领土各处最远端岛屿之远点相连。但此等端点不宜距离过远,最远为 24 海里。在此等端点连线区域内之水域,称为群岛水域(archipelagic waters),可视为该群岛国之领海。从此基线起算 200 海里即为该国之专属经济区。

8. 公海

公海(high seas)即国际水域,适用于领海(水)以外以下水体:洋(oceans)、大型海域生态系统(large marine ecosystems)(如北极海、日本海、东中国海、南中国海、北海、阿拉伯海)、封闭或半封闭海域与河口(estuary)(如地中海、亚德里亚海、黑海、里海、芬兰湾、孟加拉湾、墨西哥湾)、河流、湖泊、地下水系统与蓄水层(quivers)、湿地。公海有时特指领海之外的洋、海。在公海航行之船只仅受船旗国(flag state)管辖。但海盗事件与奴隶贩卖案件发生时,任何国家皆可介入管辖。

9. 内陆国

内陆国如蒙古和哈萨克等,如加入本公约,依照规定,在转运国(transit states)可享有免关税待遇。

1.3　我国的海洋权益

1.3.1　我国的海洋法则

实际上,在相当长的一段时间里,我国对海洋的开发利用都很不够。我国是个农业大国,对海洋的法律概念不清,海洋权益这个词在中国出现的时间不是很长,现在海洋权益作为一个崭新的法律概念,开始被人们所关注。

什么是海洋权益呢? 简单地说,海洋权益就是一个国家海洋利益和权利的总称,包括以下内容。

1. 海洋的政治权益

海洋主权、海洋管辖权、海洋管制权,这些都是海洋的政治权益的核心内容。

2. 海洋经济权益

海洋经济权益主要包括开发领海、专属经济区、大陆架的资源,发展国家在海洋的经济产业。

3. 海洋的安全利益

以海洋为陆地的缓冲带是国家陆地安全的屏障,我们可以利用外交或者军事手段来保卫自己在海洋上的利益,避免海洋上的军事冲突。

4. 海洋的科学考察

可在海洋上合理地进行科学研究,比如进行海洋的科学考察,开发海洋旅游业等。

我国有着广袤的蓝色国土,管理着近 300 万平方公里的海域,但是,我国的海洋权利正在受到严重威胁,目前我国管辖的 300 万平方公里的海域中,有 150 万～190 万平方公里的海域和邻国存在争议。

在黄海,我们同朝鲜和韩国存在划界问题,早在 1977 年的时候,朝鲜就公布了法规,把我国的海域擅自加以军事控制,韩国也是一样,采用所谓的"中间线"法,划走了相当大的一部分海域,并且在美国的指示下,长期在黄海进行违法活动。

在东海,日本更是变本加厉地争夺,从琉球群岛到钓鱼岛,从"中间线"到春晓油田,都有日本的野心,他们企图霸占资源。

在南海发现了巨大的油气资源后,南海周围国家趁机占领了我国在南海的部分岛屿。

我国政府在海洋问题上醒悟得比较晚,但还是有所作为的,在 1958 年建立了领海制度,1992 年通过了《中华人民共和国领海与毗连区法》,1995 年批准了《国际海洋法公约》并开始建立完整的法律制度。在 1998 年通过了《中华人民共和国专属经济区和大陆架法》。在 2001 年国家在大力推动海洋经济发展的同时,为了扭转海域使用的混乱局面,通过了《中华人民共和国海域使用管理法》,21 世纪中国才走上依法管理、用海、护海,有序、有度、有偿地开发和利用海洋资源的新时代。作为中国第一部规范海域物权管理的法律,海域法明确规定"海域属于国家所有"、"单位和个人使用海域,必须依法取得海域使用权"。海域有偿使用制度是海域法确定的基本制度之一。在此方面,财政部、国家海洋局提出了要"确保海域使用金应收尽收",我国沿海各地则相继制定或修订了海域使用金征收办法和标准。

另外,海洋环境也是现在比较热点的问题,我国先后出台了一系列法律法规用于规范海域使用和保护海洋环境。1979 年我国第一部综合性的环境保护基本法《中华人民共和国环境保护法(试行)》对海洋环境的保护方面作了规定,1983 实施了《中华人民共和国海洋环境保护法》,规范我国管辖海域及沿海地区海洋环境保护活动和行为。1999 年,根据海洋环境保护工作实践对该法进行了修订,新增了海洋生态保护等有关内容。该法是我国较早颁布实施的一部环境资源法律之一,对于切实保护好海洋生态环境,促进海洋合理开发利用和海洋经济持续发展具有重要意义。

我国先后出台了《防止船舶污染海域管理条例》《海洋石油勘探开发环境保护管理条例》《海洋倾废管理条例》《防止拆船污染环境管理条例》《防止海岸工程建设项目污染损害海洋环境管理条例》《防止陆源污染物损害海洋环境管理条例》等,并不断修改和完善相关法律法规,如 2011 年 2 月对《海域使用论证资质分级标准》进行修订,使海洋的利用和保护的法律法规逐渐健全。

这些法律法规都是旨在防止海洋环境问题的产生,或者把海洋环境污染和破坏控制在维持生态平衡、保护社会物质财富和人类健康容许的限度之内。这一理论的形成和海洋环境问题的特性有着密切的关系。海洋环境问题比陆地环境问题更为复杂,不仅污染源广,而且污染持续性强、扩散范围大、控制手段复杂,海洋生态环境一旦遭到破坏,往往难以恢复,有的即使能恢复也需要很长时间和很大的代价。因此,在对海洋环境进行保护时不能走"先污染后治理"的路子,而要采取环境与发展"双赢"的措施,既要防止海洋环境污染和生态破坏,又要积极治理已经污染和破坏的海洋环境。预防为主,并不意味着治理工作不重要,而是要求我们在解决海洋环境污染和破坏问题时,要着眼于"预防",做到"防患于未然",不要等到海洋环境已经受到污染之后再去治理。对于已经产生的海洋环境污染和破坏问题,必须制定计划,积极进行治理。进行治理也要着眼于"防"字上,在产生污染和破坏的根源上下工夫,尽可能把污染和破坏消除在生产过程中。"防"是核心,"治"是预防措施的补充。

1.3.2　我国的海洋权益现状

根据《公约》的有关规定,我国领海和毗连区的宽度主张有了国际法上的依据和保证;200海里专属经济区和大陆架制度拓展了我国的管辖区域;国际海底区域制度使我国有机会成为深海采矿的先驱投资者,并在东北太平洋有一块15平方公里的矿区;用于国际航行的海峡的过境通行制度对我国发展远洋交通、走向海洋提供了便利。正如曾任外长的李肇星所说的:"《公约》对我国生效,有利于维护我国海洋权益和扩大我国海洋管辖权;有利于维护我国作为先驱投资者所取得的实际地位和长远利益;有利于发挥我国在海洋事务中的积极作用;有利于维护我国的形象。"总体来说,《公约》对我国是有利的。但是,从另一方面看,《公约》也给我国带来了一些负面效应。随着《公约》的正式生效,我国的周边国家纷纷完善海洋立法、调整海洋政策和海洋战略,不顾历史事实和海洋法的具体实施细则和以往的判例,不恰当、不严肃地引用其中对其有利的条款来侵害我国的海洋权益,使我国的许多海域和岛屿无可争议的历史主权面对不少新的争议,对我国海洋权益的维护形成了严峻的挑战。

1. 岛屿被侵占

在东海,中国固有的领土钓鱼岛(图1.5)被日本非法侵占,钓鱼岛自古就是我国渔民避风、休渔的栖息地,但被日本侵占时,日本不仅反对我国海军接近钓鱼岛,而且反对我国科考船接近钓鱼岛,甚至反对我国渔民到附近海域捕鱼。

目前南沙群岛中,我国内地有效控制的共有11个岛礁,我国台湾有效控制的岛

图1.5　钓鱼岛

屿有 1 个,越南目前控制的岛礁有 28 个,马来西亚占有 4 个,菲律宾目前实际控制 9
个,文莱主张拥有南沙群岛"南通礁"之主权(图 1.6)。

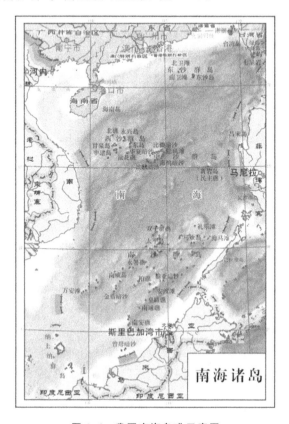

图 1.6　我国南海岛礁示意图

引自:杜秀荣,唐建军.中国地图集[M].北京:中国地图出版社,2001。

2. 海洋资源被掠夺

与岛屿主权归属的争端相伴而生的是以资源为核心的各种矛盾。南海周边国家
把我国在南海问题上的宽宏视为软弱,片面理解与盗用"搁置争议、共同开发"的主
张,积极推行海洋经济战略,疯狂掠夺南海资源。

1) 油气资源盗采

越南、菲律宾、马来西亚、印尼、文莱等国凭借临近南沙海域的地理优势,同西方
国家合作,加强南沙海域的油气勘探、开采,现有油气井 500 余口,其中 100 多口在我
南海断续线内,越南、菲律宾、马来西亚、文莱及印尼等国已从南海油气开发中取得了
巨大的经济利益;石油出口已经成为越南强国支柱;菲律宾已经从贫油国一跃成为石
油出口国。周边国家每年从南海开采石油多达 5000 余万吨,相当于我国大庆油田的
年产量。目前,南沙海域被周边国家各自划分了彼此重叠的招标矿区,不断扩大勘探
范围,且大部分区域在我传统疆界线之内,在南海拥有石油承租权并从事油气勘探和

开采的国际石油公司有 200 多家。

2）水产资源掠夺

目前，越南经常在南沙海域作业的渔船达 400 余艘。2007 年 4 月，越南开始在西礁施工建设码头、货场和海产加工设施，拟将该礁建成南沙渔业资源开发的后勤供给中心，使越南渔民在南沙海域捕获的海产品可以就地进行初步加工和交易。近年来，马来西亚在加大力度驱离在南沙南部海域作业的中国渔船的同时，大量批准本国渔船的作业，2000 年以来，马来西亚海军共批准了 136 艘本国渔轮在南沙海域作业，菲律宾每年也组织了大批渔船赴南沙海域作业。我国从 1999 年开始在南海实行夏季休渔制度，但越南、菲律宾等国不但说中国"无权宣布休渔"，而且乘我国渔民休渔之机大肆捕捞。

3）旅游资源开发

继 2001 年马来西亚开辟南沙旅游线路以来，2007 年 4 月，越南首次组织 130 人乘军舰赴南沙旅游。越南还计划在今后每年 4—7 月组织更多旅游团至南沙，将南沙旅游活动制度化，并计划将游客范围扩大至国外游客，还将开辟胡志明市至南威岛的旅游航空专线。2003 年 5 月，马来西亚在弹丸礁海域举行了"拉布安国际海上挑战赛"娱乐竞技活动，并首次批准 27 艘钓鱼船和 1 艘游艇在榆亚暗沙经营旅游休闲项目。

3. 海域划界矛盾重重

我国濒临黄海、东海、南海。海域狭窄造成我国与海上邻国海域划界的矛盾比较突出。在黄海和东海，其最宽处宽度只有 360 海里，不足 400 海里，出现海域主张重叠的情况。总面积 38 万平方公里的黄海海域中应划归中国管辖的有 25 万平方公里，可是韩国主张等距线为界，如果按此划分，他们可以多划 18 万平方公里，中国与朝鲜和韩国存在着 18 万平方公里的争议海区。东海大陆架是中国的自然延伸，因此面积 77 万平方公里的东海海区中应归中国管辖的为 54 万平方公里，但是日本提出中日两国是共架国，要求按中间线划分海域。按日本的无理要求，日本与中国有 16 万平方公里、韩国与中国有 18 万平方公里的争议海区。南中国海由于其重要的战略地位，被纳入美国的全球战略之中，被美国列为要在世界控制的 16 个海洋咽喉要道之一。美国对南海问题的政策已由"消极中立"转变为"积极中立"，并且宣称钓鱼岛在美日联合安保范围之内。南海地区被日本视为传统势力范围，南海交通线被看做是日本的生命线，因此，日本以"确保海上航行自由"、"反对使用武力"为借口，积极涉足中国南海事务。近年来，美日两国以打击海盗恐怖活动和维护国际航道通畅为由，正力图控制被称之为中国海上生命线的马六甲海峡，因为目前中国进口原油的 90% 以上需要通过油轮经马六甲海峡运输。在台湾问题上，日本将其列为日美同盟在亚太地区的共同战略目标，加大了对台湾的干涉力度。这些外部势力的因素将对中国的积极发展和国家安全造成严重威胁。

1.3.3　我国海洋权益安全问题

1. 海洋领土安全问题

我国在东海、黄海与一些国家在专属经济区划分、大陆架问题上有分歧,在南海与有关国家在一些海域上有争议。

2. 海洋资源安全问题

海洋产业是我国重要的国家利益,但一些国家通过所谓的"国际招标",在我经济海疆线内进行非法开发活动。我国渔民在传统渔场作业时,合法权益经常被损害。

3. 海上交通安全问题

我国对外贸易 90%以上是由海上运输来完成的,我国的石油进口也越来越多地依赖海上运输。此外,煤炭、铁矿石、粮食进口数量都非常可观。保持海上战略通道畅通面临着十分复杂的形势。

4. 海洋信息安全问题

海洋信息具有战略意义,海洋地形、地貌是划分大陆架的基本依据,海底矿石资源分布及存储量是开发利用的基本前提。海洋气象、海流传播规律、海洋大气波动现象等,不仅有经济意义,更具有国防意义。我国的海洋信息安全尚未引起足够的重视,更缺乏有效的保护。

5. 海洋环境安全问题

我国近海是世界上污染最严重的海域之一,水生资源受到很大破坏,在 20 世纪 80 年代之前很丰富的鱼类资源,现已急剧减少了,有的甚至到了绝种的边缘。

6. 海洋非传统安全问题

海上走私、贩毒等,台风、海啸,重大海上船舶、飞机事故等非传统安全威胁日益突出。

1.3.4　我国海洋权益处理原则

1. 遵循国际法原则

和平解决争端、和平与发展是当今时代的主流,开发利用海洋资源也是为了更好地发展,依靠武力解决海洋争端不仅不利于从根本上解决问题,还会给国家的发展带来不确定的因素。因此,我国一直坚持通过平等协商,在国际法基础上,按照公平原则划定各自的管辖权界限。在这一原则的指导下,我国已与越南就北部湾划界问题进行了协商与谈判,并于 2000 年 12 月签订了正式的划界协议,这是我国与海上邻国间通过和平的方式划定的第一条海上边界,我国还依据《联合国海洋法公约》的有关规定分别于 1997 年和 2000 年与日、韩签订了新的渔业协定,这些都为今后我国与其他国家解决海洋权益争端树立了良好的典范。

2. 尊重历史的原则

目前我国被其他国家侵占的岛礁几乎无一例外地是属于中国的,由于发现了丰富的资源或战略位置日益突出,周边国家顿生觊觎之心。例如,南沙群岛早在公元前2 世纪就被我国先民发现,唐贞元五年(789 年)就有了"千里长沙"(西沙群岛)和"万里石塘"(南沙群岛)的记载,早在 1500 多年前,南海诸岛就归海南岛管辖,明朝以后归崖洲管辖,清朝又划归广东省琼州府管辖。《联合国海洋法公约》承认沿海国享有"历史性所有权",我国在南中国海享有的历史性权利被国际社会广泛认可,1945 年日本投降后将西沙群岛和南沙群岛交还中国,当时的中国政府于 1946 年先后派员接收并立碑纪念,我国在南中国海标注的九段断续国界线为世界许多国家包括一些周边国家所认可,在很多国家出版的地图上也标示了这九段国界并注明属于中国。

3. 自然延伸原则

《联合国海洋法公约》对大陆架的定义是,沿海国的大陆架包括其领海以外依其陆地领土的全部自然延伸,扩大到大陆边外缘的海底区域的海床和底土。这充分说明自然延伸原则是大陆架制度的主导原则。日本和韩国在东海大陆架的划分上提出了所谓的"中间线原则",这是与国际法中大陆架制度的基本精神相违背的,东海大陆架从自然地理学上看是我国大陆的自然延伸部分,应该属于我国(包括位于东海大陆架上的钓鱼岛)。我国是宽大陆架国家,大陆架面积居世界第七,我国历来主张大陆架是陆地领土的自然延伸,大陆架的划分也应该依据自然延伸原则,这一原则不仅是国际法中划分大陆架的主导原则,也是我国捍卫海洋权益的有力武器。

4. 公平合理原则

海洋权益和海域边界的划分还必须兼顾公平合理的原则,例如要全面考虑岸线比例、人口的规模和密度等因素。例如,在黄海大陆架的划分中,我国一侧岸线总长达 1509 公里,朝鲜、韩国两国岸线总长度为 1073 公里,岸线比例为 1∶0.7,如果单纯根据中间线来划分黄海大陆架,就会造成不公平的结果。再如东海大陆架,我国面对东海的是浙江、福建、台湾三省和上海市,总人口超过 1 亿,而日本和韩国在东海仅是一些岛屿,人口约 220 万,在划分大陆架时如果不考虑这些因素将有失公平。

5. 搁置争议,共同开发原则

搁置争议并不是对邻国侵占我国领土和海洋权益的认可,而是在双方认识差距较大的情况下,主动回避,以求国家关系的大局不受局部争端影响的一种暂时性的措施。搁置争议也不意味着消极等待,而是要通过保持克制,避免摩擦,缓解紧张的矛盾,然后通过在一定年限内的共同开发促进双方经济的发展,为未来解决争端创造良好的条件。目前,这一原则是我国提出的解决南沙问题的指导原则,是和平解决南沙争端的第一步。

从国际上看,面临国际海洋事物出现的新形势,我国在维护国家海洋权益、加强海洋科技研究与开发以增强国际海洋竞争能力方面面临着巨大的挑战与机遇。近年来,在我国海洋接连发生争论:2004 年 3 月,7 名中国人登上钓鱼岛被日本扣押,引发中日之间的又一轮争端;后是针对中国东海海域的"春晓"油气田日本表示"强烈关注"。2010 年 9 月 7 日,日方在钓鱼岛海域非法抓扣中国 15 名渔民和渔船,并将船长扣押至 9 月 24 日。2012 年 4 月日本人石原慎太郎又抛出购买钓鱼岛的言论,企图侵害中国的利益。中国外交部发言人刘为民表示,日本对钓鱼岛及其附属岛屿采取任何单方面举措都是非法和无效的,都不能改变这些岛屿属于中国的事实。钓鱼岛及其附属岛屿自古以来就是中国的固有领土,中国对此拥有尤可争辩的主权。2012 年 4 月 10 日,12 艘中国渔船在中国黄岩岛潟湖内正常作业时,被一艘菲律宾军舰干扰,菲律宾军舰一度企图抓扣被其堵在潟湖内的中国渔民,所幸被赶来的中国两艘海监船阻止。

而在南沙群岛,越南不仅在中国的固有领土上修建机场,还公然开发南海旅游。韩国也悄悄地加入争夺黄海大陆架石油资源的行列,石油钻机伸向了黄海大陆架底。另外,中国渔民在南海海域捕鱼时,更是屡次遭到菲律宾、越南等国的驱赶、拘押,甚至逮捕入狱。中国的海洋开发现状好像“群龙闹海”,缺乏整体和长远规划;而在某些有争议地区,“共同开发”还停留在口头上。中国海洋资源的保护和开发亟待加强,海洋安全和主权问题也需要引起关注。

1.3.5　维护我国海洋环境权益的对策

保护我国的海洋环境权益是在经济全球化,涉海活动全球化的背景下不得不考虑的问题。既要在全球海洋经济发展的浪潮中获得应有的利益,同时也要维护我国自身权益,不能以牺牲我的海洋环境来换取在国际涉海活动中的一席之地。完善的构想源自对现状的质疑,追问和分析缺陷产生的原因,在制度设计的过程中应尽力弥补这些缺陷,使法律保障功能得到最大程度的彰显和拓展。

1. 完善相关配套法律法规

涉海立法作为我国法制建设的组成部分,随着我国法制建设的发展而发展。自 20 世纪 80 年代以来,已颁布了一批涉及海洋的法律、法规,这些法律、法规的制定和实施有力地促进了我国海洋事业的发展,对保护我国海洋环境权益起了重要作用,使我国的海洋管理工作基本上有法可依,得以正常运转。但在涉及国家主权和资源的作为《联合国海洋法公约》主要内容的专属经济区和大陆架的立法和海洋综合管理制度的建立上,还没有专门的法律、法规。《公约》赋予了沿海国许多权利,这些权利需要通过国内立法来实现,但我国有些重要的法律制度尚未建立,有些已有的法律制度也需要完善。比如,我国虽已在 1996 年批准《公约》时宣布建立专属经济区和大陆架制度,但尚未颁布专属经济区和大陆架法。提请第八届全国人大常委会审议的《中华人民共和国专属经济区和大陆架法(草案)》主要是确定我国对专属经济区和大陆架的主权权利和管辖权,并对此作出原则性规定,没有也不可能对所有相关具体问题都作出详细规定。即便后期颁布了专属经济区和大陆架法,但仅仅依靠该法来实现《公约》赋予的权力或行使管辖权是远远不够的。因此,应制定配套法规,该法规应将专属经济区和大陆架法的原则性规定具体化,特别是要包括保护和保全海洋环境的相关条例。

　　从防止海上污染的立法来看,我国有关防止船舶污染和海洋倾倒污染的法律体系比较完善,而在防止海洋开发活动污染方面的立法则相对薄弱,主要集中在防止海洋石油勘探开发活动造成的污染方面。随着科技进步和我国发展海洋经济战略的实施,涉外海洋活动日趋活跃,对海洋生物资源和非生物资源的开发全面升温,除了传统的捕鱼、航运等产业外,养殖、娱乐、旅游、海水利用等新兴海洋开发产业方兴未艾。这些活动都有可能给海洋环境带来新的压力,需要加强有关的环境保护立法,以防止这些涉外海洋开发和科学研究等活动对海洋环境造成新的污染。

　　从防止外来物种入侵的立法来看,目前我国在这方面的高位阶法律较欠缺。从立法体系来看,有关法律、法规比较分散。我国至今尚无一部国家级的针对外来物种管理的专门性法规,也没有人大及其常委会制定的专门性的法律,可以援引的条款散在于单行法律、条例、细则中。除此之外,我国《环境保护法》《海洋环境保护法》等相关法律缺乏对外来物种入侵的明确规定。

　　从防止放射性污染的立法来看,我国虽有《放射性污染防治法》,但对于海洋放射性污染,特别是侵犯我国权益的海洋放射性污染却没有规定。日本在 1996 年就将《公约》及需要修改、颁布的八项有关涉海法案一并提交国会审议,其中就包括"关于核废料污染法"。没有规矩,不成方圆,没有立法,便没有抵御侵犯我国海洋环境权益行为的法律保障。立法是执法的基础,是一切法律行为的基础,完善我国海洋立法,特别是维护我国海洋权益的立法是面对全球一体化趋势的当务之急。

2. 加强对海洋环境监督检查的执法能力

　　立法是执法的前提,执法是立法的延续和结果,如果没有有效的执法,立法便失去了实际意义。只有通过有效的执法才能使写在纸上的法律规范变成人们的行为。有效的执法还有助于人们提高守法的自觉性,巩固和增强守法的意识,防止和减少违法行为的发生。海洋执法力量是国家在海洋方向上的利益保护及其综合力量的存在及运用,体现了国家在海上管辖区内行政执法的综合实力,是国家在海上管辖领域内所拥有的各种执法力量的统称。我国《海洋环境保护法》第 5 条规定,国家环境保护部门、国家海洋行政主管部门、国家海事行政主管部门、国家渔业行政主管部门、军队环境保护部门和沿海县级以上人民政府根据不同的监管对象划分不同的职责,由国家环境保护部门对全国海洋环境保护工作实施指导、协调和监督。

　　1) 进一步完善海洋环境执法体制

　　如上所述,由于体制上的原因,目前海洋环境执法分散在环保、海洋、水产、海事和军队等几个不同的部门,短时期内难以形成统一的队伍。根据我国海洋环境执法的特点、发达国家海洋管理机构中可资借鉴的经验以及国家政治和经济的要求,今后调整和完善海洋环境执法管理体制的方向如下。

　　(1) 完善相对集中的海洋环境管理部门。目前国家海洋局已经成为海洋行政管理为主,同时负责基础性海洋调查研究、海洋公益服务事业的海洋工作部门。国家环境保护部门的职责在于保护我国人民的生活和生态环境,为经济发展和社会进步提供保障。其他涉及的相关主管维护我国的海洋环境权益的法律分析及对策部门根据不同的监管对象划分职责。这种模糊的划分方式可使各部门在防治海洋环境污染、维护我国海洋环境权益方面存在职能交叉与重合,这就导致了如今众多部门都有权管,但又谁都不管的局面。因此,应针对海洋环境问题明确一个专门的海洋环境管理部门,全盘考虑全国的海洋环境问题,以促进海洋事业的全面发展,并有利于海上执法管理工作,维护我国的海洋环境权益。

(2)建立和完善海洋环境工作的协调机制。海洋环境工作涉及科研、经济、国防和外交等众多部门,没有一定的协调机制是不行的。目前由于海洋环境工作的协调内容日益增多,其协调体制也应有新的内容和方式,应该构建高层次的具有政府行政职能的协调管理体制。20世纪90年代我国的海洋事业有了很大的发展,涉及的领域也越来越多,为此,在适当的时机建立一个协调机构是必要的。

(3)明确海上执法队伍的职责和权力。正是由于海上各执法队伍没能明确各自的职责和权力,所以在一些执法活动中互相推诿,不能及时维护我国海洋权益。应从政策和法律上明确我国所有海上执法部门对海上违法活动都有采取措施和现场取证的权力,授权所有海上执法力量对所有海上执法活动都可进行现场执法,发现违法情况后根据现有职责分工交由有关主管部门依法处罚。

(4)建立海洋环境权益监控系统。为了有效维护我国的海洋环境权益,我国应建设中国海洋环境权益监控系统,全方位、多手段监视我国领海、大陆架和专属经济区域,提高我国对管辖海域,特别是大陆架和专属经济区的实际监控、管理能力,做到及时、无遗漏地发现海洋环境权益受损事件,并形成事件的发现、通报和控制处理的运行机制。不断改善我国海上执法队伍的装备,建立高技术支撑的海上执法预警系统和应急反应系统,不断提高海上执法反应能力,做到对我国管辖海域全范围即时的监控,逐步扩大我国海洋巡航的覆盖面,不断增强海洋巡航的密度。尽快建立我国海上维护海洋环境权益的法律及对策,实行作业船只和飞机发现情况及时报告制度,设立专门的报告通信联络系统。

2)建立一支综合性的海洋执法力量

国家的海洋执法力量是国家海洋力量强大与否的重要表现。国家海洋执法力量强大,自然可以有效地维护我国海洋环境权益,保护我国海洋环境不受其他国家的污染。目前世界上各主要海洋国家大都有一个统一的海上执法管理队伍,如海岸警卫队或类似的机构,美国、英国、加拿大等国都有海岸警卫队,澳大利亚有海岸监视局,日本有海上保安厅。鉴于我国所面临的现状,建立一支集中统一、具有综合职能的海上执法力量是维护我国海洋环境权益、保护海洋环境的需要。在我国管辖海域面积辽阔、海洋权益内容日益增多的形势下,需要扩大国家的海洋执法队伍。我国已有一支规模较大的海军,还有海上武警队伍、负责海上交通安全的港监队伍、负责渔政工作的渔政队伍、负责环境保护和监测监视等任务的海监队伍。这几支队伍都不甚强大,互相之间能够兼顾的工作也缺乏制度化的协调体制,因此应对这些海上执法力量做适当的调整,调整的最终目标是形成一支可以机动作战的海上执法队伍,可以在200海里范围内全面维护国家海洋权益的准军事力量。通过分析可以看出,我国海洋污染防治的执行较为复杂、分散,在很多情况下导致执法管理工作难以有效实施。这种分部门管理的执法体制使海上执法机构的责权分散,不仅导致重复建设,而且分散了我国本已较弱的海上执法力量。随着《联合国海洋法公约》的生效,这种分散管理体制的弊端日益显现出来。鉴于此,1999 修订《海洋环境保护法》时,一些部门和专家提出了实行海上统一执法的问题,但由于种种原因没有成功,最后只规定了联合执法。如《海洋环境保护法》第 19 条规定,行使海洋环境监督管理权的部门可以在海上实行联合执法,发现海上污染事故或者违反本法规定的行为时,应当予以制止并调查取证,必要时有权采取有效措施,防止污染事态的扩大,并报告有关主管部门处理。这里所提到的联合执法的方式也可以有效地加强海上执法力度,充分发挥海上各部门的作用,以便对我国管辖海域实施有效监控。

第2章 潮　汐

2.1　潮 汐 概 述

2.1.1　潮汐现象

　　海水有周期性的涨落现象:到了一定时间,海水推波助澜,迅猛上涨;过后一些时间,上涨的海水又自行退去,留下一片沙滩。如此循环重复,永不停息。海水的这种运动现象就是潮汐。潮汐现象是指海水在月球和太阳的引力作用下所产生的周期性运动,习惯上把海面垂直方向涨落称为潮汐,而海水在水平方向的流动称为潮流。潮汐是沿海地区的一种自然现象,古代称白天的潮汐为"潮",晚上的潮汐为"汐",合称为"潮汐"。

　　潮流方向指向海岸,海水面升高的过程称为涨潮;潮流背向海岸,海水面下降的过程称为落潮。海水面在垂直方向升降过程中的水位称为潮位。在每次涨潮中,海面上升到最高潮位时称为高潮;在每次落潮中,海面上降到最低潮位时称为低潮。从一次高潮(或低潮)到相邻的下一次高潮(或低潮)所经历的时间称为潮汐的周期。从涨潮(或落潮)转变为落潮(或涨潮)需要一段时间,即涨潮涨到最高水位(或落潮落到最低水位)时,潮位持续一个短暂的时间,水面不升也不降,水位保持相对稳定。高潮时,潮位持续一段时间不变的现象称为平潮;低潮时,潮位持续一段时间不变的现象称为停潮。平潮的潮位高度(即高潮时的潮位高度)称为高潮高;停潮的潮位高度(即低潮时潮位高度)称为低潮高。低潮高和高潮高之间的海面水位平均差值称为潮差。

　　随着人们对潮汐现象的不断观察,对潮汐现象的真正原因逐渐有了认识。古代我国余道安在他所著的《海潮图序》一书中说:"潮之涨落,海非增减,盖月之所临,则之往从之。"哲学家王充在《论衡》中写道:"涛之起也,随月盛衰。"指出了潮汐跟月亮有关系。到了17世纪80年代,英国科学家牛顿发现了万有引力定律之后,提出了潮汐是由月亮和太阳对海水的吸引力引起的假设,科学地解释了潮汐现象。

2.1.2　潮汐的分类

　　在太阳、月球的引力作用下,地球的岩石圈、水圈和大气圈分别产生的周期性运动和变化均称为潮汐。作为完整的潮汐科学,其研究对象应将地潮、海潮和气潮作为一个统一的整体,但由于海潮现象十分明显,且与人们的生活、经济活动、交通运输等关系密切,因而习惯上将潮汐(tide)一词狭义地理解为海洋潮汐。

固体地球在太阳、月球的引力作用下引起的弹性-塑性形变,称为固体潮汐,简称固体潮或地潮。海水在太阳、月球的引力作用下引起的海面周期性的升降、涨落与进退称为海洋潮汐,简称海潮。大气各要素(如气压场、大气风场、地球磁场等)在太阳、月球的引力作用下产生的周期性变化(如 8 h、12 h、24 h)称为大气潮汐,简称气潮。其中,由太阳引起的大气潮汐称为太阳潮,由月球引起的称为太阴潮。

月球引力和离心力的合力是引起海水涨落的作用力,称为引潮力。地潮、海潮和气潮的原动力都是太阳、月球对地球各处引力不同而引起的,三者之间互有影响。因月球距地球比太阳近,月球与太阳的引潮力之比为 11∶5,对海洋而言,太阴潮比太阳潮显著。大洋底部地壳的弹性-塑性潮汐形变会引起相应的海潮,即对海潮来说,存在着地潮效应的影响;而海潮引起的海水重力的迁移改变着地壳所承受的负载,使地壳发生可以恢复的变形。气潮在海潮之上,它作用于海面上引起其附加的振动,使海潮的变化更趋复杂。

潮汐是因地而异的,不同地理位置的潮汐使全球规模的海洋水体发生周期性运动。对于一个具体地点来说,一般表现为海水每天两次涨潮、两次落潮。每次高潮出现在月球到达中天位置以后。相邻两个高潮(或低潮)之间的时间平均为 $12\frac{25}{60}$ h,相当于半个太阴日的长度。所以,一个太阴日内涨潮和落潮一般各发生两次。

在一个太阴日里出现两次高潮和两次低潮(即周期平均为 $12\frac{25}{60}$ h)的潮汐称为半日潮。有的地区,在一个太阴日内海面的升、降过程各发生一次,即周期为 $24\frac{50}{60}$ h。这样的潮汐称为全日潮。也有的地区,一个太阴日内海面升、降过程各有两次与各一次混杂出现,这类潮汐称为混合潮。

不论哪种潮汐类型,在农历每月初一、十五以后两三天内,各要发生一次潮差最大的大潮。在农历每月初八、二十三以后两三天内,各有一次潮差最小的小潮。

月亮在新月(初一)和望月(十五),地球、太阳和月球成一直线,太阳的引力加上月球的引力即会造成大潮。大潮大概会持续两三天,潮水的涨落差最大;月亮在上弦和下弦时,也就是地球、太阳和月球成一直角时,因为三者的引力处于相对状态,潮水的涨落差最小,称为小潮。

涨潮时,潮水涨到海岸的最高处称为满潮线。退潮时,返到海岸的最低处称为干潮线。干潮线、满潮线之间的地方称为潮差。海水涨至最高时所淹没的地方开始,直到潮水退到最低时露出水面的范围就是潮间带。

一个太阴日为 $24\frac{50}{60}$ h。这是与潮汐变化有密切关系的一个基本时间数据。根据一个太阴日内海水的涨落情况,可将潮汐分为半日潮、全日潮和混合潮三种类型。

1. 半日潮

在一天中有两次高潮、两次低潮,且高潮位与高潮位、低潮位与低潮位潮高相等,涨、落潮历时相等的潮汐称为半日潮。

2. 全日潮

在一个太阴日内,只有一次高潮和一次低潮,高潮和低潮之间相隔的时间大约为 $12\frac{25}{60}$ h,这种一日一个周期的潮称为全日潮。如果在半个月内,有连续 7 天出现全日潮,而其余的日子里是一天两次潮,这种类型的潮也称全日潮。

3. 混合潮

混合潮是指如下两种情况:一是在半日潮海区中,两次高(低)潮的高度相差很大,涨潮历时和落潮历时不等的现象;二是在全日潮海区中,通常半月中数天出现两次涨落的现象。

不同的潮汐系统,虽然都是从深海潮波获取能量,但具有各自独有的特征。尽管潮汐很复杂,但对任何地方的潮汐都可以进行准确预报。海洋潮汐从地球的旋转中获得能量,并在吸收能量过程中使地球旋转减慢。但是这种地球旋转的减慢在人的一生中是几乎觉察不出来的,而且也并不会由于潮汐能的开发利用而加快。这种能量通过浅海区和海岸区的摩擦消散。只有出现大潮,能量集中时,并且在地理条件适于建造潮汐电站的地方,从潮汐中提取能量才有可能。虽然这样的场所并不是到处都有,但世界各国已选定了相当数量的适宜开发潮汐能的站址。据最新的估算,有开发潜力的潮汐能量每年约 2 千亿度。

2.1.3　我国的潮汐特征

我国海域潮汐主要由太平洋传入的潮波引起,由太平洋向我国海域传来的潮波包括两支:一支经日本九州和我国台湾之间水域进入东海,其中小部分进入台湾海峡,而绝大部分向西北方向传播,引起黄海、渤海的潮振动;另一支通过巴士海峡传入南海,形成南海的潮波。潮波在传播过程中由于受到地球偏转力以及海底地形和海岸轮廓的影响,变得因地而异,所以我国沿岸各地的潮汐类型多样,潮差各异。

1. 潮汐类型

渤海沿岸,辽东湾多为不正规半日潮,西岸的团山角至秦皇岛为正规日潮,秦皇岛至滦河口为不正规日潮,塘沽至歧口、龙口至蓬莱及渤海海峡为正规半日潮,大清河口至塘沽、歧口至龙口为不正规日潮。黄海、东海沿岸多属正规半日潮,只有山东半岛的威海经成山头至靖海岛一带和杭州湾南岸的镇海至穿山、定海附近以及福建漳浦县的古雷头以南属不正规半日潮。南海沿岸潮汐类型较为复杂,广东沿岸以不正规半日潮为主,海门湾附近、竭石湾至红海湾、琼州海峡东部两岸、海南岛东部和南部为不正规日潮,雷州半岛西岸和海南岛感思角以北至琼州海峡西部两岸为正规日潮,广西沿岸为不正规日潮和半日潮组成的混合潮,西沙和南沙群岛沿岸为不正规日潮。

2. 平均潮差分布

我国沿岸潮差分布的总趋势是,东海最大,南海最小,渤海、黄海居中。各潮差的大小与海底地形、海岸线形状有密切关系，一般在海区中央潮差较小，愈近海岸潮差愈大，港湾内部，尤其是港湾顶部潮差最大。

2.2　潮汐形成原因

2.2.1　潮汐静力学原理

1. 等势面

从地心移动单位质量物体到某一点，克服重力和引潮力所做的功，称为这一点的位势，位势相等的点连成的面称为等势面。图 2.1 为不考虑引潮力情况下的重力位势面，是一个圆球面，显然即使地球自转，也无法使水位有垂直的涨落。

考虑引潮力后，由于在地月连线上引潮力方向与重力方向相反，在垂直于地月连线的大圆上引潮力方向与重力方向相同，因此，从引潮力的分布不难看出，考虑引潮力后的等势面就变成像图 2.2 所示的椭球形，这个椭球的长轴指向月球。

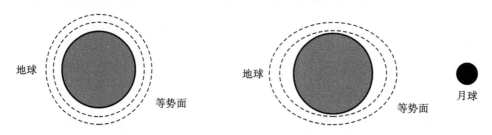

图 2.1　不考虑引潮力的位势图　　　　　图 2.2　考虑引潮力的位势图

2. 潮汐静力理论

由于考虑引潮力后的等势面为一椭球面，根据这一分布特点，可以导出一个研究海水在引潮力作用下产生潮汐过程的理论，即潮汐静力理论（或称平衡潮理论）。这一理论假定：①地球为一个圆球，其表面完全被等深的海水所覆盖，不考虑陆地的存在；②海水没有黏滞性，也没有惯性，海面能随时与等势面重叠；③海水不受地转偏向力和摩擦力的作用。在这些假定下，海面在月球引潮力的作用下离开原来的平衡位置作相应的上升或下降，直到在重力和引潮力的共同作用下，达到新的平衡位置为止。因此海面便产生形变，也就是说，考虑引潮力后的海面变成了椭球形，称之为潮汐椭球，并且它的长轴恒指向月球。由于地球的自转，地球的表面相对于椭球形的海面运动，这就造成了地球表面上的固定点发生周期性的涨落而形成潮汐，这就是平衡潮理论的基本思想（图 2.3）。

根据平衡潮理论，当月球赤纬（δ）为 0 时，潮汐椭球如图 2.4 所示，由于地球的自转，地球上各点的海面高度在一个太阴日内将两次升到最高和两次降到最低。两次最高的高度和两次最低的高度分别相等，并且从最高值到最低值以及从最低值到最

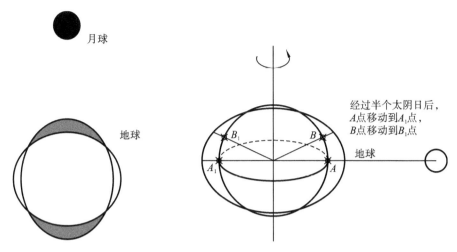

图 2.3　考虑月球引潮力的位势示意图　　　　图 2.4　月球赤纬为 0 时

注:δ＝0 时地球各处都日等。

高值的时间间隔也相等,形成正规半日潮。

　　当月球赤纬不为 0 时(图 2.5),除赤道仍为正规半日潮外,其他一些地区的海面(如 B 点)虽然在一个太阴日内,也可出现两次高潮和两次低潮,但两次高潮的高度不相等,两次涨潮时也不等,形成日不等现象。

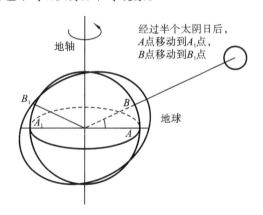

图 2.5　月球赤纬不为 0 时

注:δ 不等于 0 时只有赤道上日等。

　　根据潮汐静力理论可得到以下两个结论。

　　(1)在赤道上永远出现正规半日潮。

　　(2)当月球赤纬不等于 0 时,在其他纬度上出现日不等现象,越靠近赤道,半日潮的成分越大;反之,越靠近南、北极,日潮的成分越显著。

　　如果同时考虑月球和太阳对潮汐的效应,在半个朔望月内(朔、望即初一、十五),将出现一次大潮和一次小潮,即潮汐具有半月的变化周期。朔望之时,月球和太阳的引潮力所引起的潮汐椭球,其长轴方向比较靠近,两潮相互叠加,形成朔望大潮;上、下弦之时,月球和太阳所引起的潮汐椭球,其长轴相互正交,两潮相互抵消,形成方照小潮(两玄小潮)。

3. 潮汐的不等现象

根据前面的分析,可以得出以下几种周期的潮汐不等现象。

(1) 日不等:当月球赤纬不为零时,除赤道及高纬地区外,地球上其他各点潮汐的半日周期部分和日周期部分同时存在,叠加的结果便出现日不等现象。随着月球赤纬的增大,日不等现象也增大,当月球赤纬最大时,则日不等现象最显著,此时半日周期部分最小,日周期部分最大,这就是回归潮;当月球赤纬为零时,日周期部分为零,半日周期部分则最大,此时的潮汐称为分点潮。

(2) 半月不等:如果把太阳平衡潮考虑在内,那么当太阴、太阳时角相差 0°或 180°时,潮差最大,是朔望大潮;而当太阴、太阳时角相差 90°或 270°时,则潮差最小,是两弦小潮(方照小潮)。这样一来,潮汐就有半月周期的变化,即产生半月不等现象。

(3) 月不等:当只考虑月球的影响,潮高与月地距离的三次方成反比,因此月球近地点时潮差较大,远地点时潮差较小,这就出现潮汐的月周期变化,产生月不等现象。注意与半月不等的区别,因为近地点并不一定在日地连线上,即不一定发生在初一和十五。

(4) 年不等:当考虑太阳的影响时,由于地球近日点有一年的变化周期,因此就产生了潮汐的年不等现象。

(5) 多年不等:由于月球赤纬还有 18.61 年的变化周期,月球近地点有 8.85 年的变化周期,并且不同月份近地点的近地程度是不一样的,还有地球的近日点也会有多年的变化周期,所以就产生了潮汐多年不等现象。

4. 潮汐静力理论的优缺点

首先,潮汐静力理论具有实用价值,所以迄今仍沿用不衰,其主要表现在于以下几点。

(1) 潮汐静力理论是建立在客观存在的引潮力基础上的。

(2) 根据潮汐静力理论导出的潮高公式所揭示的潮汐变化周期与实际基本相符。

(3) 由潮高公式计算出来的最大可能潮差为 78 cm,这一数值与实际大洋的潮差相近,例如,太平洋中的夏威夷群岛,最大潮差为 0.9~1.0 m。

潮汐静力理论还存在一些缺点,其主要的缺点如下。

(1) 此理论假定整个地球完全被海水包围,这与实际情况相差较大。

(2) 此理论完全没有考虑到海水的运动,而且假设海水没有惯性也与实际不相符,事实上,当月球赤纬改变时,海水必将产生运动,否则一个高潮面不可能在地面上移动,另外海水要集中也需要一定的时间,所以潮汐静力理论认为每当月球在某处上中天或下中天时,该处便会发生高潮,这与实际情况有一定的差异。

（3）浅海、近岸地区的潮差与理论结果相差较大，在浅海，潮差可达几米，甚至十几米。

（4）潮汐静力理论既然完全没有涉及海水的运动，因此它无法解释潮流这一重要现象。

（5）在一些半封闭的海湾中，常常出现没有潮汐涨落的无潮点，等潮时线绕无潮点顺时针或反时针旋转，两岸的潮差不等，平衡潮理论则无法得出此结论。

（6）按照潮汐静力理论，赤道上永远不会出现日潮，低纬度地区也以半日潮占优势，但实际上许多赤道和低纬度地区均有日潮出现。

（7）理论表明朔望日必发生大潮，但实际上多数的地方大潮出现在朔望日之后两天左右，即大潮出现的时间比朔望日的时间延后数天，这延后的天数称为潮龄，如厦门的潮龄为 2 天，所以大潮一般出现在农历的初三、十八。

2.2.2　潮汐动力学原理

潮汐动力学理论是从动力学观点出发来研究海水在引潮力作用下产生潮汐的过程。此理论认为，对于海水运动来说，只有水平引潮力才是重要的，而引潮力的垂直分量（垂直引潮力）和重力相比非常小，因此垂直引潮力所产生的作用只是使重力加速度产生极微小的变化，故不重要。潮汐动力学理论还认为，海洋潮汐实际上指的是海水在月球和太阳水平引潮力作用下的一种潮波运动，即水平方向的周期运动和海面起伏的传播，海洋潮波在传播过程中，除了受引潮力作用之外，还受到海陆分布、海底地形（如水深）、地转偏向力（即科氏力）以及摩擦力等因素的影响。

为了更好地理解各种形态海区中潮波的特性，表 2.1 做了一些比较。

表 2.1　各种形态海区中潮波的特性比较

	长海峡（北半球）	窄长半封闭海湾	半封闭宽海湾
潮波	前进波	驻波（因湾顶全反射形成）	两驻波的叠加（因湾顶反射与地转效应形成）
潮流	来复流：高潮时流向与潮波传向相同，低潮时流向与潮波传向相反，高、低潮时流速最大，半潮面时流速为 0	来复流：涨潮时向里，高潮时流速为 0，退潮时向外，低潮时流速为 0，半潮面时流速最大，湾顶处潮流始终为 0	旋转流：潮流矢量反时针偏转，矢量末端连线为椭圆，无潮点流速始终为最大，各地潮流始终不为 0
等潮时线	一组与潮波传向垂直的直线，各地高潮的发生时刻取决于潮波的波速和波向	一条与潮波传向相同的直线，各地同时达到高潮	绕无潮点反时针偏转
潮差	沿潮波传向看右岸大于左岸	湾顶大，湾口小，存在无潮线（离湾顶 λ/4 处）	岸边大，中间小

　　从表 2-1 可以看到,当潮波传入不同形态的海区时,将有不同的波动形式,如果是窄长半封闭海湾,由于湾顶的反射,将形成驻波;若在半封闭的宽海湾,因科氏力对潮波运动的影响不能忽略,潮波成为旋转潮波;当在长海峡中传播,由于地转效应,也使潮波发生变形。在不同形态的海区,潮流、潮汐的变化规律往往有较大的差异,即使是相近的海区,潮差及潮时都可能不一样,潮汐动力理论对这些现象能给出很好的解释。

2.2.3　潮汐能发电原理

　　潮汐能发电与普通水力发电原理类似,通过出水库,在涨潮时将海水储存在水库内,以势能的形式保存,然后在落潮时放出海水,利用高、低潮位之间的落差,推动水轮机旋转,带动发电机发电。差别在于海水与河水不同,蓄积的海水落差不大,但流量较大,并且呈间歇性,它是不断变换方向的,潮汐能发电有以下三种形式。

1. 单池单向发电

　　单池单相发电即只用一个水库(图 2.6),仅在涨潮(或落潮)时发电,我国浙江省温岭市沙山潮汐电站就属于这种类型。

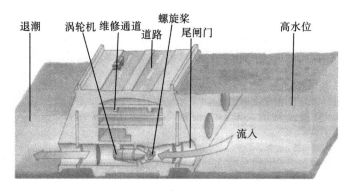

图 2.6　单池单向发电示意图

2. 单池双向发电

　　单池双向发电即用一个水库(图 2.7),但是涨潮与落潮时均可发电,只是在平潮时不能发电,广东省东莞市的镇口潮汐电站及浙江省温岭市江厦潮汐电站就属于这种类型。

3. 双池双向发电

　　双池双向发电是用两个相邻的水库,使一个水库在涨潮时进水,另一个水库在落潮时放水,这样前一个水库的水位总比后一个水库的水位高,故前者称为上水库,后者称为下水库。水轮发电机组放在两水库之间的隔坝内,两水库始终保持着水位差,故可以全天发电。

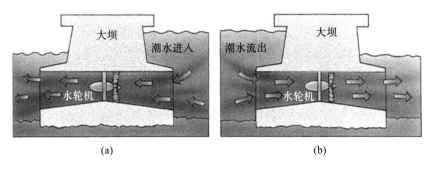

图 2.7　单池双向发电示意图

2.3　潮汐能及潮汐能发电的特点

1. 潮汐能概述

　　潮汐能是以位能形态出现的海洋能,是指海水潮涨和潮落形成的水的势能。海水涨落的潮汐现象是由地球和天体运动以及它们之间的相互作用而引起的。在海洋中,月球的引力使地球的向月面和背月面的水位升高。由于地球的旋转,这种水位的上升以周期为 $12\frac{25}{60}$ h 和振幅小于 1 m 的深海波浪形式由东向西传播。太阳引力的作用与此相似,但是作用力小些,其周期为 12 h。当太阳、月球和地球在一条直线上时,就产生大潮(spring tides);当它们成直角时,就产生小潮(neap tides)。除了半日周期潮和月周期潮的变化外,地球和月球的旋转运动还产生许多其他的周期性循环,其周期可以从几天到数年。同时地表的海水又受到地球运动离心力的作用,月球引力和离心力的合力正是引起海水涨落的引潮力。

　　除月球、太阳外,其他天体对地球同样会产生引潮力。虽然太阳的质量比月球大得多,但太阳离地球的距离也比月球与地球之间的距离大得多,所以其引潮力还不到月球引潮力的一半。其他天体或因远离地球,或因质量太小,所产生的引潮力微不足道。根据平衡潮理论,如果地球完全由等深海水覆盖,用万有引力计算,月球所产生的最大引潮力可使海水面升高 0.563 m,太阳引潮力的作用为 0.246 m,在夏威夷等大洋处观测的潮差约 1 m,与平衡潮理论比较接近,近海实际的潮差却比上述计算值大得多。如我国杭州湾的最大潮差达 8.93 m,北美加拿大芬地湾最大潮差更达 19.6 m。这种实际与计算的差别目前尚无确切的解释。一般认为,当海洋潮汐波冲击大陆架和海岸线时,通过上升、收聚和共振等运动,使潮差增大。潮汐能的能量与潮量和潮差成正比。或者说,与潮差的平方和水库的面积成正比。和水力发电相比,潮汐能的能量密度很低,相当于微水头发电的水平。世界上潮差的较大值为 13~15 m,但一般说来,平均潮差在 3 m 以上时就有实际应用价值。

　　全世界潮汐能的理论蕴藏量约为 30 亿千瓦。我国海岸线曲折,全长约为 1.8 万公里,沿海还有众多大小岛屿,漫长的海岸蕴藏着十分丰富的潮汐能资源。我国潮汐能的理论蕴藏量达 1.1 亿千瓦,其中浙江、福建两省蕴藏量最大,约占全国的80.9%,但这都是理论估算值,实际可利用的远小于上述数字。

人类很早就会利用潮汐能,约 900 年前我国泉州建洛阳桥时就是利用潮汐能搬运石块,在 15—18 世纪,法国、英国等曾在大西洋沿岸利用潮汐推动水轮机。利用潮汐能发电始于 20 世纪 50 年代,加拿大、法国、俄罗斯和中国都建有潮汐电站。

潮汐能发电的优点:潮汐能属于可再生资源,蕴藏量大,运行成本低;潮汐能发电对于环境影响小,发电不排放废气、废渣、废水,属于洁净能源;潮汐能发电的水库都是利用河口或海湾建成的,不占用耕地,也不像河川水电站或火电站那样要淹没或占用大面积土地;潮汐能发电不受洪水、枯水期等水文因素影响;潮汐电站的堤坝较低,容易建造,投资也较少。潮汐能发电优点很多,但也有其薄弱之处,如机电设备常与海水、盐雾及海生物接触,有防腐、防污等特殊要求;随着潮汐的涨、落,能量亦有起、伏变化,影响发电、供电质量。同时潮汐电站也存在一些环境影响问题:潮汐电站不但会改变潮差和潮流,还会改变海水温度和水质;拦潮坝会对地下水和排水等带来不利影响,并会加剧海岸侵蚀;潮汐电站还会影响鸟类生长环境及种群的生存,另外,由于水轮机的运转还可能导致鱼类死亡,并会妨碍溯河产卵的鱼种的溯游,因此潮汐电站也对鱼类有着潜在的影响。

随着科学技术水平的提高,这些问题将不断地得到解决。对于环境影响问题,可以采取一定的措施使这些不利影响降到最低程度。

就全世界而言,潮汐能源的开发利用程度还很低。目前制约潮汐能发电的因素主要是成本因素。到目前为止,由于常规电站廉价电费的竞争,建成投产的商业用潮汐电站不多。然而,由于潮汐能巨大的蕴藏量和潮汐能发电的许多优点,随着潮汐能发电技术的成熟,潮汐电站的建设将出现新的发展势头。

2. 潮汐能发电工况分析

潮汐能发电与水力发电基本原理相似。主要区别在于:水力发电是单向的,而潮汐能发电可以是双向的,一般水力发电只能通过将水库内的蓄水放水发电,放水发电的大小可以根据需要很方便地进行控制,潮汐能发电受潮汐涨落周期的限制,不能人为地随意控制;潮汐能发电以潮涨潮落为周期,约一天两次,而一般水力发电则是一年一个周期。

江厦潮汐电站采用的是单库双向开发方式,水流从水库流向外海为正向运行,从外海流向水库为反向运行。新增 6 号机组的运行工况顺序为:正向发电→正向泄水→正向抽水→停机→反向发电→反向泄水→反向抽水→停机,循环往复,循环周期与潮汐周期相同,约 $12\frac{25}{60}$ h,如图 2.8 所示。

1) 正向发电

如图 2.9 的工况 1 所示,库水位高于潮位,在最有利的时刻开始发电,库水位逐

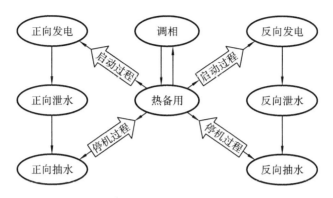

图 2.8　潮汐能发电机组工况转换图

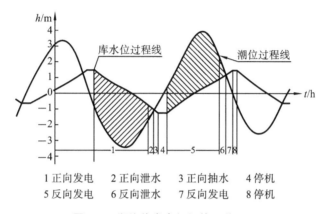

1 正向发电　　2 正向泄水　　3 正向抽水　　4 停机
5 反向发电　　6 反向泄水　　7 反向发电　　8 停机

图 2.9　潮汐能发电机组的 8 种工况

渐下降。由于潮汐能发电的间断性和出力变化,电站很难在电力系统中代替工作容量,但月供电量和年供电量比较稳定,没有水电站那样明显的丰水、枯水之别,因此运行的目标是获得调度周期内的最大发电量。所谓最有利时刻,是指使发电量最大的时刻。若开始发电时刻早于最有利时刻,虽然持续发电的时间较长,但海水退潮还不充分,导致水头的平均值较小,发电量达不到最大;若开始发电时刻晚于最有利时刻,虽然平均水头较大,但海水潮位很快超过库水位,发电持续时间短,仍不能使发电量最大。

　　2)正向泄水

　　如图 2.9 的工况 2 所示,此时段库水位稍高于潮位,水头高度 h 很小,根据下式可知,此时的出力 P 很小,再考虑到励磁损耗功率,泄水不会显著影响发电量。泄水时,机组停止发电,水闸开启,泄水流量等于由机组泄水流量和水闸泄水流量之和。

$$P = kMh$$

式中：k——折损系数;

　　　M——机组泄水流量;

h——水头高度。

3) 正向抽水

如图 2.9 的工况 3 所示,当泄水至水头高度 h 为 0 时,水闸闭合,否则海水将反向注入,抬高库水位,影响反向发电量。新型机组增加了电动状态,从库区抽水。因为水头的绝对值很小,抽的扬程小,耗费的电能较少。当海水涨潮时,抽出的水相当于被海水抬到涨潮时的高水位,能够发出数倍于抽水耗电的电能。图 2.10(a) 为不抽水的工况,涨潮后的水头高度为 h;图 2.10(b) 为抽水工况,为简便起见,假设水库为柱形,各个水位的横截面积(S)均等于抽水量且忽略各项损耗,则发电能(W_t)与抽水能(W_p)之比(能耗比)为

$$\frac{W_t}{W_p} = \frac{S\Delta h \rho g(h + \Delta h/2)}{S\Delta h \rho g \Delta h/2} = \frac{h + \Delta h/2}{\Delta h/2}$$

式中:ρ——海水密度;

g——重力加速度。

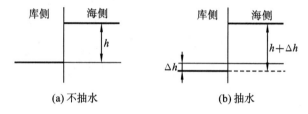

图 2.10　正向抽水工况示意图

图 2.11 给出了正向和反向发电时各抽水水头下的能耗比随发电水头变化的曲线。从图中也可以看出,能耗比随着水轮机水头的升高而升高,随着水泵扬程的降低而升高。因此,为充分发挥机组抽水蓄能的作用,应在水库水位和海水水位相差比较小的时候抽水,并尽量在高水头时满发。

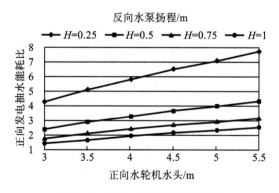

图 2.11　正向水轮机能耗比曲线

4) 停机

如图 2.9 的工况 4 所示,随着抽水的不断进行,抽水扬程越来越高,能耗比不断

下降。在抽水工况进行到一定程度时,需要停机,原因有三:①若能耗比低于1,继续抽水得不偿失;②即使能耗比仍大于1,但随着海区水位的不断上涨,反向发电的最佳时刻已经来临,不停机将影响总发电量;③水位过低影响库区的综合养殖。停机相当于等候工况,库区水位保持在低水位。

2.4　潮汐能应用情况

2.4.1　国外潮汐能利用情况

世界上潮汐能资源较丰富的国家几乎都在进行潮汐能开发利用的研究,尤以法国、英国、美国、加拿大等国家开展得较早。部分国外潮汐能发电情况见表2.2。

表 2.2　部分国外潮汐电站一览表

国家或地区	地点	装机容量/万千瓦	年发电量/亿度	机组/台	潮差/m
法国	朗斯	24	0.48	24	8
英国	塞泣河口湾	720	130	230	9.3
爱尔兰	香农河口湾	3.18	7.15	30	3.8
印度	卡奇湾	60	16	43	5.2
韩国	加露林湾	48	12	32	4.6
巴西	巴冈加	3	0.55	2	4.1
美国	尼克湾	222	55	80	7.8
加拿大	坎伯兰湾	114.7	34.2	37	10.5

1968 年,法国在朗斯河口建成朗斯潮汐电站,该站址潮差最大为 13.4 m,平均为 8 m(图 2.12),单库面积最高海平面时为 22 km²,平均海平面时为 12 km²。大坝高 12 m,宽 25 m,总长 750 m。坝上有公路沟通朗斯河两岸,是第一个商业化电站,

图 2.12　法国朗斯潮汐电站

设计年发电量扣去抽水耗电后可净发电 8 亿度。

继法国之后,苏联在巴伦支海建成基斯洛潮汐电站,其设计总装机容量为 800 千瓦。1984 年加拿大在芬地湾建成了取名为安那波利斯的潮汐电站,装机容量为 80000 万千瓦,其中装有一台容量为 2 万千瓦的单向全贯流水轮发电机组。芬地湾是世界上潮汐能最丰富的地方,那里的海潮最高时达到 18 m,相当于 6 层楼房的高度。

英国、韩国、印度、澳大利亚和阿根廷等国对规模数十万到数百万千瓦的潮汐电站建设方案作了不同深度的研究。最近几年,潮汐能的开发研究仍在进行。

2.4.2　国内潮汐能利用情况

我国沿海多港湾、岛屿,大陆岸线和岛屿岸线漫长。潮汐能蕴藏量十分丰富。根据我国潮汐能资源调查统计,可开发装机容量大于 500 千瓦坝址的和可开发装机容量为 200~1000 千瓦坝址的共有 424 处港湾、河口,可开发装机容量 200 千瓦以上的潮汐资源,总装机容量为 2179 万千瓦,年发电量约为 624 亿度。这些资源在沿海的分布是不均匀的,以福建和浙江为最多,站址分别为 88 处和 73 处,两省合计装机容量占全国总量的 88.3%,其次是长江口北支(属上海和江苏)和辽宁、广东,其他省区则较少,江苏沿海(长江口除外)最少,装机容量仅 0.11 万千瓦。浙江、福建和长江口北支的潮汐能资源年发电量为 573.7 亿度,如能将其全部开发,相当每年为这一地区提供 2000 多万吨标准煤。

在我国沿海,特别是东南沿海有很多能量密度较高,平均潮差 4~5 m,最大潮差 7~8 m,且自然环境条件优越的站址。其中浙江杭州湾最大潮差 8.9 m,潮汐能蕴藏量居全国首位;长江北支,最大潮差 5.95 m,平均潮差 3.04 m。

其中已做过大量调查勘测,规划设计和可行性研究工作,具有近期开发价值和条件的中型潮汐电站站址有福建的大官坂(1.4 万千瓦,0.45 亿度)、八尺门(3.3 万千瓦,1.8 亿度)和浙江的健跳港(1.5 万千瓦,0.48 亿度)、黄墩港(5.9 万千瓦,1.8 亿度)等,有较好的工作基础。还需要进行前期综合研究论证的大型潮汐电站站址的有长江口北支(70.4 万千瓦,22.8 亿度)、杭州湾(316 万千瓦,87 亿度)和乐清湾(55 万千瓦,23.4 亿度)等。我国沿海农村可开发潮汐能资源,据对 242 处海湾、河口小型坝址统计,总装机容量为 125550 千瓦,年发电量为 3.14 亿度(在较平直海岸的滩涂上,尚有可观的潮汐能资源未统计在内)。

沿海农村潮汐能资源在全国沿岸的分布不均,以广西和浙江最多,坝址分别为 57 处和 54 处,装机容量分别为 29720 千瓦和 21240 千瓦,两省区合计的坝址数和装机容量分别占全国总量的 45.9% 和 40.6%。其次是福建、广东和辽宁,坝址数分别为 26 处、23 处和 28 处,装机容量分别为 16880 千瓦、16290 千瓦和 11740 千瓦。江苏沿岸资源量最少,坝址仅 2 处,装机容量仅 1100 千瓦。具体见表 2.3。

表 2.3 我国可开发潮汐电站电量一览表

省、地区	装机容量/万千瓦	年发电量/亿度
福建	1032.40	283.82
浙江	880.16	264.04
长江口北支	70.40	22.80
广东	64.88	17.20
辽宁	28.62	16.14
广西壮族自治区	38.73	10.92
山东	11.78	3.63
河北	0.47	0.09
江苏	0.08	0.04
合 计	2127.52	618.68

注：①表中所列数字系以装机容量500千瓦为起点，小于500千瓦的未统计在内；②本次普查未包括台湾省资源，故表中未列；③河北省的包含了天津市，江苏省的包含了上海市。

　　我国是世界上建造潮汐电站最多的国家，先后建造了几十座潮汐电站，2010年全年发电量达731.74万度。电站总装机容量提高至3900千瓦。目前，我国的潮汐能发电量已跃居世界第三位，仅次于法国和加拿大。

　　温岭江厦潮汐试验电站是我国已建成的最大的潮汐电站，如图2.13所示。双向贯流式机组6台，截至2010年已累计发电超过1.6亿度。这是我国，也是亚洲最大的潮汐电站。其规模仅次于法国郎斯潮汐电站、加拿大芬地湾安那波利斯潮汐电站，居世界第三。

　　尽管我国有些潮汐电站的容量比较小，但它们为我国建设潮汐电站积累了经验，为进一步开发和利用潮汐能做准备，在我国现有的潮汐电站中还有大量的工作要做，如调整潮汐电站的运行，使其以最优方式并入电网发展多元化生产模式，努力消除潮汐电站给环境带来的不利影响等。

图 2.13 温岭市江厦潮汐试验电站

潮汐能具有巨大的开发前景,对解决世界能源问题将发挥越来越大的作用。合理利用潮汐能,既可减少环境污染,又可减轻能源短缺的压力。我国是发展中国家,是能源消耗大国,目前处在能源不足、污染严重的状态,能源的多元化、可持续化已是大势所趋,洁净的可再生能源对实现我国的能源结构转型、可持续发展具有重要意义。

2.4.3　潮汐在军事上的应用实例

人类认识自然的目的,在于利用自然,使之为人类服务。在军事史上,由于海军的出现和海上登陆作战的需要,潮汐也就成为军事家们在运筹帷幄、决胜千里时不能不考虑的一个重要方面。

1661 年 4 月 21 日,郑成功率领两万五千将士从金门岛出发,到达澎湖列岛,进入台湾攻打赤嵌城。郑成功的大军舍弃港阔水深、进出方便,但岸上有重兵把守的大港水道,而选择了鹿耳门水道。鹿耳门水道水浅礁多,航道不仅狭窄且有荷军凿沉的破船堵塞,所以荷军此处设防薄弱。郑成功率领军队乘着涨潮航道变宽且深时,攻其不备,顺流迅速通过鹿耳门,在禾寮港登陆,直奔赤嵌城,一举登陆成功。

1939 年,英德战争期间,德国曾布置水雷,拦袭夜间进出英吉利海峡的英国舰船。德军精确计算潮流变化的大小及方向,确定锚雷的深度、方位,用漂雷战术取得较大战果。

1950 年朝鲜战争初期,朝鲜人民军如风卷残石,长驱直入打到釜山一带。美国急忙纠集联合国多国部队,气势汹汹杀向朝鲜,但在选定登陆地点时犯了难——适合登陆的港口都有朝鲜人民军重兵把守,强行登陆必然代价巨大。经过慎重考虑,最终美军司令麦克阿瑟指挥美军于仁川成功登陆。原来,仁川港位于朝鲜的西海岸,离首都汉城西 28 km,起着汉城关门的作用。海面潮差是亚洲最大的,最高达 9.2 m,退潮时近岸淤泥滩长超过 5000 m,登陆舰船、两栖车辆和登陆兵极易搁浅;沿岸筑有 4 m 高的石质防波堤,构成登陆兵和两栖车辆的障碍;进入港口的船只,只有一条飞鱼峡水道,倘若有一艘舰船沉没,就堵塞了航道;岸上炮兵可将近岸的舰船、两栖车辆和登陆兵全部摧毁。朝鲜人民军认为美军不可能从仁川登陆,加之战线拉得太长,所以对仁川港疏于防守,兵力薄弱。然而,仁川港地区每年有 3 次最高的大潮,最高时潮差可达 9.2 m,其中就有 9 月 15 日。经过分析计算,美军于 9 月 15 日利用大潮高涨,穿过了平时原本狭窄、淤泥堆积的飞鱼峡水道和礁滩,出人意料地在仁川港登陆。朝鲜人民军因此被拦腰截断,前线后勤完全失去保障,腹背受敌,损失惨重,几乎陷入绝境。麦克阿瑟指挥的美军和联合国军,仅用 1 个月,几乎席卷朝鲜半岛,兵临鸭绿江边,取得空前胜利。但这次成功的登陆范例也有败笔,美军算错了仁川港当天涨潮时刻,真正的涨潮提前到来。因此,尽管前方美军已经提前登陆成功,炮兵却按预定时间进行登陆前的轰炸,结果将已登陆的军队炸得血肉横飞,白白损失了一营的官兵。

我国海疆辽阔,海岸曲折,沿海岛屿星罗棋布,水文气象变化万千。掌握潮汐变化规律,有利于我们在抗登陆作战中更好地掌握敌人的行动。

第3章 风力资源

3.1 风力资源简介

"树欲静而风不止",风是大自然最常见、最普通的一种现象。风与波浪等不同,它存在于地球上的每一个角落,有空气的地方就有风。风能也是人类最早认识、接受、利用的能源之一,自古以来人类就会利用风能,像欧洲的风车磨坊(图 3.1)、风筝等。使用风能最广的是帆船,帆船对运输的形式产生了革命性变化。可以说人类自古以来就能够很好地利用风能为人类服务。

图 3.1 风车磨坊

3.1.1 风力资源利用的历史

人类利用风能已有数千年历史,在蒸汽机发明以前,风能曾经作为重要的动力,用于船舶航行、提水饮用和灌溉、排水造田、磨面和锯木等。

早在公元前 3000 年,埃及人便以帆船的形式首次成功地利用了风能。最早的风车(用于碾磨谷物)出现于公元前 2000 年左右的古巴比伦或公元前 200 年的古波斯(图 3.2)。这些早期的设备由一根或多根垂直安装的木梁组成,木梁底部安有磨盘,木梁与随风旋转的转轴相连。使用风能碾磨谷物的做法迅速在中东传播,而在风车被广泛使用很久以后欧洲才出现首个风车。

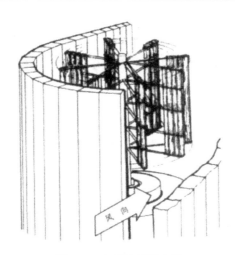

图 3.2　古代波斯风车图

公元前 11 世纪,欧洲的十字军战士将风车的概念带回家,到中世纪才广泛利用风能,荷兰人发展了水平轴的风车,于是我们大多数人所熟悉的荷兰式风车就此诞生。18 世纪荷兰曾利用近万座风车将河堤内的水排干,造出的良田相当于国土面积的三分之一,成了著名的风车之国。这种风车在欧洲大陆和英国的乡村是很普遍的,成为机械能的主要来源。

19 世纪中叶以后,美国大规模开发西部,为了解决人畜饮水问题,制造了金属叶片的风轮,驱动活塞泵用于提水,成为有名的美国农场风车,拥有量曾达到 600 万台。

中国是最早使用帆船(图 3.3)和风车的国家之一,在距今 1800 年以前,东汉刘熙所著的《释名》一书上,对"帆"字作了"随风张幔曰帆"的解释。明代以后风车利用较普遍,宋应星的《天工开物》一书中记载:"扬郡以风帆数扇,俟风转车,风息则止",这是对水平风车的一个比较完善的描述。方以智著的《物理小识》记载:"用风帆六幅,车水灌田,淮扬海皆为之。"童冀《水车行》中有:"零陵水车风作轮,缘江夜响盘空云,轮盘团团经三丈,水声却在风轮上",描述了利用风帆驱动水车灌田的情景。

中国创造的立帆式垂直轴风轮,是将 8 个帆各编在一个直立的杆上,各帆的正中上端则各有一绳系之,当地称此为走马灯式风车(图 3.4)。

中国沿海沿江地区的风帆船和用风力提水灌溉或制盐的做法,一直延续到 20 世纪 50 年代,仅在江苏沿海利用风力提水的设备就曾达 20 万台。

在蒸汽机出现之前,风力机械是动力机械的一大支柱,其后随着煤、石油、天然气的大规模开采和廉价电力的获得,各种曾经被广泛使用的风力机械,由于成本高、效率低、使用不方便等,无法与蒸汽机、内燃机和电动机等相竞争,渐渐被淘汰。例如,荷兰现存的几百座风车已被作为文物保护起来,成为旅游景观。

到了 19 世纪末,开始利用风力发电,这在解决农村电气化方面显示了重要的作用。20 世纪 70 年代以后,利用风力发电进入了一个蓬勃发展的阶段。在过去 40 年

图 3.3　帆船

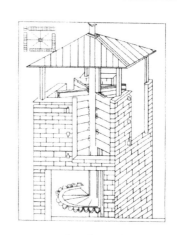

图 3.4　中国的垂直轴风车图

中,风能利用的研究与发展受政府利息和税收鼓励的影响而上下波动。在 20 世纪 80 年代中期,风力涡轮机的最大功率通常为 150 千瓦。2006 年,商用大规模涡轮机的功率通常超过 1000 千瓦,最高可达 4000 千瓦。

3.1.2　风能概述

风能是地球表面大量空气流动所产生的动能。由于地面各处受太阳辐照后气温变化不同和空气中水蒸气的含量不同,因而引起各地气压的差异,在水平方向高压空气向低压地区流动,即形成风。

1. 风速及风向

利用风能,风速及风向是两个重要的要素。地球上某一地区的风向与大气环流有关,与其所处的地理位置(离赤道或南北极远近)、地球表面不同情况(海洋、陆地)有关。在海边,白天陆地上空气温度高、气压低,空气上升,海面上温度低、气压高,空气从海面吹向陆地;夜晚海水降温慢,陆地降温快,形成海面空气温度高、气压低,空气上升,陆地上温度低、气压高,空气从陆地吹向海面,此为海陆风。

2. 风速沿高度的变化

从地球表面到 10 km 的高空层内,空气的流动受到涡流、黏性和地面摩擦等因素的影响,靠近地面的风速较低,离地面越高风速越大;与地面的平整程度(粗糙度)、大气的稳定度等因素也有关。在开阔、平坦、稳定度正常的地区,其风速比约为 1/7。风能的大小与风速的立方成正比,显而易见,在高空捕获的风能远比地面为大。但是在海面上由于粗糙度低,大气稳定,风速较高。

3. 风能密度

垂直穿过单位截面的流动空气所具有的动能称为风能密度。在进行风能利用时,风力机械只是在一定的风速范围内运转,对于一定风速范围内的风能密度视为有效风能密度。

风能资源取决于风能密度和可利用的风能年累积小时数。风能密度是单位迎风面积可获得的风的功率,与风速的三次方和空气密度成正比。据估算,全世界的风能总量约 1300 亿千瓦,中国的风能总量约 16 亿千瓦。风能资源受地形的影响较大,世界风能资源多集中在沿海和开阔大陆的收缩地带,如美国的加利福尼亚州沿岸和北欧一些国家,中国的东南沿海、内蒙古、新疆和甘肃一带风能资源也很丰富。中国东南沿海及其附近岛屿是风能资源丰富地区,有效风能密度大于或等于 200 W/m² 的等值线平行于海岸线,沿海岛屿有效风能密度在 300 W/m² 以上,全年中风速大于或等于 3 m/s 的时数为 7000~8000 h,大于或等于 6 m/s 的时数为 4000 h。

4. 风能的缺点

风能也存在缺点。由于风速变化不定,因此风力涡轮机不能像许多其他类型的发电站一样始终以 100%功率运转。风力涡轮机噪音很大,并且它们对鸟类和蝙蝠造成较大威胁,而在土质密实的沙漠地区,如果要挖掘地面安装涡轮,可能造成土地侵蚀。另外,由于风是相对不可靠的能源,因此在风速减弱时,风力发电站的工作人员必须用少量可靠、不可再生的能源来维持系统的运行。

3.2 风力发电

3.2.1 风力发电原理

如图 3.5 所示,风力发电就是利用风力带动风车叶片旋转,再透过增速机将旋转的速度提升来促使发电机发电。图 3.6 所示为其内部结构。风力发电机机舱安置在离地面较高处,因此内部的风能转换零件不但要坚固,而且质量要轻。

1. 风力发电的实现

风力发电是把风的动能转变成机械能,再把机械能转化为电能。风力发电所需要的装置称为风力发电机组。这种风力发电机组大体上可分为风轮(包括尾舵)、发电机和塔架三部分。大型风力发电站基本上没有尾舵,一般只有小型(包括家用型)才会拥有尾舵。

风轮是把风的动能转变为机械能的重要部件,它由两只(或更多只)螺旋桨形的叶轮(或桨叶)组成。当风吹向桨叶时,桨叶上产生气动力驱动风轮转动。桨叶的材料要求强度高、重量轻。目前多用玻璃钢或其他复合材料(如碳纤维)来制造。现在还有一些垂直风轮、S 形旋转叶片等,其作用也与常规螺旋桨型叶片相同。

由于风轮的转速比较低,而且风力的大小和方向经常变化着,这又使转速不稳定,所以在带动发电机之前,还必须附加一个把转速提高到发电机额定转速的齿轮变速箱,再加一个调速机构使转速保持稳定,然后连接到发电机上。为保持风轮始终对准风向以获得最大的功率,还需在风轮的后面装一个类似风向标的尾舵。

塔架是支撑风轮、尾舵和发电机的构架。它一般修建得比较高,为的是获得较大

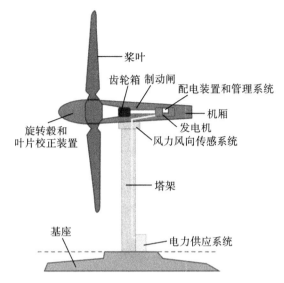

图 3.5　风力发电机图

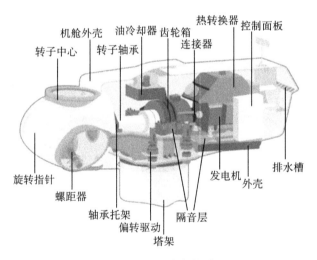

图 3.6　机舱内部构造

的和较均匀的风力,又要有足够的强度。塔架高度视地面障碍物对风速影响的情况,以及风轮的直径大小而定,一般在 6～20 m 范围内。

　　发电机的作用是把由风轮得到的恒定转速,通过升速传递给发电机构均匀运转,因而把机械能转变为电能,如图 3.7 所示。

　　2. 发电的风力要求

　　一般说来,3 级风就有利用的价值。但从经济合理的角度出发,风速大于 4 m/s 才适宜于发电。据测定,一台 55 千瓦的风力发电机组:当风速为 9.5 m/s 时,机组的输出功率为 55 千瓦;当风速为 8 m/s 时,功率为 38 千瓦;风速为 6 m/s 时,只有 16

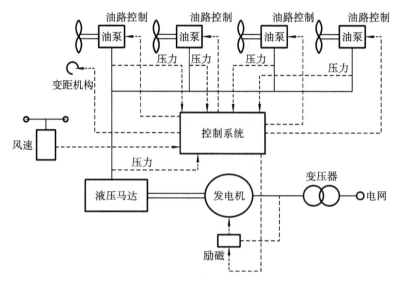

图 3.7　风力发电原理图

千瓦;而风速为 5 m/s 时,仅为 9.5 千瓦。可见风力愈大,经济效益也愈大。我国现在已有不少成功的中、小型风力发电装置在运转。

3.2.2　风力发电的能量转换

1. 风能的计算

空气有一定质量,因此流动时具有一定能量,称为风能。风能的表达式为

$$E = \frac{1}{2}\rho S v^3 \tag{3.1}$$

式中:S——单位时间内气流流过截面面积;

　　　ρ——空气密度;

　　　v——风速。

其中 ρ 和 v 随地理位置、海拔和地形等因素而变化。

2. 风力发电机的效率

风力发电机的气动理论是由德国的贝兹(Betz)于 1926 年第一个建立的。贝兹假设风力发电机的风轮是理想的,即没有轮毂,具有无限多的叶片,气流通过风轮时没有阻力。

1) 风能利用系数

风能利用系数 C_p 是指风力发电机的风轮能够从自然风中获得的能量与风轮扫掠面积内的未扰动气流所含风能的比例。可表示为

$$C_p = \frac{P}{\frac{1}{2}\rho S v^3} \tag{3.2}$$

式中：P——风力发电机实际获得的输出功率；

ρ——空气密度；

S——风轮的扫掠面积；

v　风速。

假定气流经过整个风轮时是均匀的，并且通过风轮前后的速度都是轴向的。在这种理想状态下，风力发电机的理论最大效率 $C_p = 0.593$。这说明风力发电机从自然风中所得到的能量是有限的，其功率损失部分可以解释为留在尾流中的旋转动能。因此，风力发电机的实际风能利用系数 $C_p < 0.593$。风力发电机实际得到的有用功率输出为

$$P_s = \frac{1}{2}\rho S v^3 C_p \qquad (3.3)$$

对实际使用的风力发电机来说，C_p 越大，表示风力发电机的效率越高。C_p 不是一个常数，它随风速、风力发电机转速以及风力发电机叶片参数（如攻角、桨距角等）而变化。风力发电机的叶片有定桨距的，还有变桨距的。对于定桨距的，除了采用可控制的变速运行外，在额定风速以下的风速范围内，C_p 常偏离其最佳值，使输出功率有所降低；超过额定风速后，通过采用偏航控制或失速控制等措施，使输出功率控制在额定值附近。对于变桨距的风力发电机，通过调节桨距可使 C_p 在额定风速下具有可能较大的值，从而得到较高的输出功率；超过额定风速后，可通过改变桨距减少 C_p，使输出功率保持在额定值附近。

2）叶尖速比

叶尖速比 λ，也称周速比，是指风力发电机叶片的叶尖速度与风速的比值，通常用 λ 表示，可用下式表示：

$$\lambda = \frac{2\pi R n}{v} = \frac{\omega R}{v} \qquad (3.4)$$

式中：n——风轮的速度；

ω——风轮角频率；

R——风轮半径；

v——风速。

3）转矩系数和推力系数

转矩系数 C_r 是风力发电机转矩的特征系数，推力系数 C_f 是风力发电机所受阻力的特征系数。为了便于把气流作用下风力发电机所产生的转矩和推力进行比较，常以 λ 为变量作为转矩和推力的变化曲线。因此，转矩和推力也要无因次化。可用下式表示：

$$C_r = \frac{2T}{\rho v^2 S R} \qquad (3.5)$$

$$C_f = \frac{2F}{\rho v^2 S} \qquad (3.6)$$

式中：T——转矩；

　　F——推力，风力发电机的输出功率系数大，转矩系数小。

3.2.3　海上风力发电特点

　　海上风力发电有很大优势，与陆地风力发电比较而言，特点突出，具体如图3.8所示。

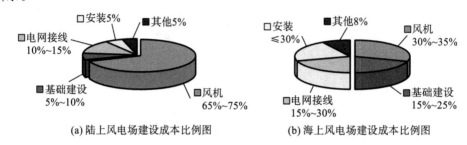

(a) 陆上风电场建设成本比例图　　　　(b) 海上风电场建设成本比例图

图3.8　海陆风力发电成本分析对比

1. 实现大型化

　　海上风电的上述好处，是促使人们将大型风电转向海洋。当今世界风电机组的大型化发展很快，风电产业也以大型化为主，产品的平均功率各国竞相攀升。大型化的含义有三种：尺寸大、单机容量大、装机容量大。

　　1) 增加输出功率

　　对于特定的风电场地，风速的平均值也变化不大。为了增加功率P，只能增大旋转截面，并按式(3.7)考虑。

$$P = 0.3 \times D^2 \qquad\qquad (3.7)$$

式中：D——转轮直径，m。

　　由此可见，输出功率与转轮直径的平方成正比。只要增大转轮，输出功率将急速增加。风轮机直径与输出功率的对应关系如表3.1所示。

表3.1　风轮直径与输出功率的关系

风轮直径/m	输出功率/千瓦
30	250
40	500
45	600
60	1000
75	2000
92	3500
120	5000
122	7300

2) 降低生产成本

理论和实践都证明,在总装机容量相同的前提条件下,减少机组台数、增大单机容量可使电站设备成本大幅度降低。对于 100 万千瓦的大电站,采用 1 台 100 万千瓦机组要比 10 台 10 万千瓦机组单机成本降低 1/3 以上。风电设备也是如此。

3) 便于维护检修

机组增大,台数减少,占地空间减小,基础工事、安装工事费用减少,维护检修量小。

2. 获得大功率

风力发电场地的选址,海洋与陆地有很大区别。与陆地比,海上风速较高,常高出 20%～100%。从理论上讲,风电功率与风速的 3 次方成正比,海洋风电功率是陆地的 1.7～1.8 倍。

3. 海面平坦

陆地表面不平,有高有低,对风力、风向、风量等有很大影响,甚至引起紊流,对风轮叶片破坏力极大,甚至导致振动、疲劳、断裂。海洋没有此类危险,海面平坦,风情稳定,也不会引发功率变动。

4. 高度与风速变化不大

海洋表面粗糙度较小,相对于海面上空高度的风速变化不大,支撑风力发电机的塔柱不必太高。造价、安装维护费用可减小。

5. 环境影响小

不像陆地,海上周围没有居民,不会产生噪声、电磁波、风轮挡光和转动阴影等环境影响,可以实施高速运行。

6. 风电场大

海面宽阔,不受场地限制,有可能实现风电场的大容量化。

7. 相对造价低

由于海上风电要求专用船式吊车、直升机和水下固定等以及长距离海底埋设电缆,造价要比陆地高出 60%,但发电量增加 50% 以上,比较平衡;陆地设备平均利用率约为 2000 h,好的可达 2600 h,而海上为 3000 h,因为海上风速较大而且稳定。

3.2.4　风力发电设备的分类

1. 风力发电机的分类

风力发电机多种多样,归纳起来可分为两类。

1) 水平轴风力发电机

水平轴风力发电机,即风轮的旋转轴与风向平行。水平轴风力发电机分为升力型和阻力型两类。升力型风力发电机旋转速度快,阻力型旋转速度慢。对于风力发电,多采用升力型水平轴风力发电机。大多数水平轴风力发电机具有对风装置,能随风向改变而转动。对于小型风力发电机,这种对风装置采用尾舵,而对于大型的风力发电机,则利用风向传感元件以及伺服电机组成的传动机构。风力发电机的风轮在塔架前面的称为上风向风力发电机,风轮在塔架后面的则称为下风向风力发电机。水平轴风力发电机的式样很多,有的具有反转叶片的风轮,有的在一个塔架上安装多个风轮,以便在输出功率一定的条件下减少塔架的成本,还有的水平轴风力发电机在风轮周围产生旋涡,集中气流,增加气流速度。

2) 垂直轴风力发电机

垂直轴风力发电机,即风轮的旋转轴垂直于地面或者气流方向。垂直轴风力发电机在风向改变的时候无须对风,在这一点上相对于水平轴风力发电机是一大优势,它不仅使结构设计简化,而且减少了风轮对风时的陀螺力。利用阻力旋转的垂直轴风力发电机有几种类型,其中有利用平板做成的风轮,这是一种纯阻力装置,还有 S 形风车,它具有部分升力,但主要还是阻力装置。这些装置有较大的启动力矩,但尖速比低,在风轮尺寸、重量和成本一定的情况下,提供的功率输出低。达里厄式风轮是法国 G.J.M 达里厄于 19 世纪 30 年代发明的。在 20 世纪 70 年代,加拿大国家科学研究院对此进行了大量的研究,现在是水平轴风力发电机的主要竞争者。达里厄式风轮是一种升力装置,弯曲叶片的剖面是翼型,它的启动力矩低,但尖速比可以很高,对于给定的风轮重量和成本,有较高的输出功率。现在有多种达里厄式风力发电机,如 Φ 型、Δ 型、Y 型和 H 型等。这些风轮可以设计成单叶片、双叶片、三叶片或者多叶片。其他形式的垂直轴风力发电机有马格努斯效应风轮,它由自旋的圆柱体组成,当它在气流中工作时,产生的移动力是由马格努斯效应引起的,其大小与风速成正比。有的垂直轴风轮使用管道或者旋涡发生器塔,通过套管或者扩压器使水平气流变成垂直气流,以增加速度,有的还利用太阳能或者燃烧某种燃料,使水平气流变成垂直方向的气流。

2. 风力发电机组的分类

风力发电机组的设计有恒速定桨距失速调节型风力发电机组、恒速变桨距调节型风力发电机组和变速恒频风力发电机组。

1) 恒速定桨距失速调节型风力发电机组

恒速定桨距失速调节型风力发电机组结构简单、性能可靠。其主要特点是,桨叶和轮毂的连接是固定的,其桨距角(叶片上某一点的弦线与转子平面间的夹角)固定不变。失速型是指桨叶翼型本身所具有的失速特性(当风速高于额定值时,气流的攻角增大到失速条件,使桨叶的表面产生涡流,效率降低,以达到限制转速和输出功率的目的),其优点是调节简单可靠,控制系统可以大大简化,其缺点是叶片质量大,轮毂、塔架等部件受力增大。

2) 恒速变桨距调节型风力发电机组

恒速变桨距调节型风力发电机组中变桨矩是指安装在轮毂上的叶片,可以借助控制技术改变其桨距角的大小。其优点是桨叶受力较小,桨叶可以做得比较轻巧。由于桨距角可以随风速的大小而进行自动调节,因而能够尽可能多地捕获风能,多发电,又可以在高风速时段保持输出功率平稳,不致引起异步发电机的过载,还能在风速超过切出风速时通过顺桨(叶片的几何攻角趋于零升力的状态)防止对风力发电机的损坏,这是兆瓦级风力发电机的发展方向。其缺点是结构比较复杂,故障率相对较高。

3) 变速恒频风力发电机组

变速恒频风力发电机组中变速恒频是指在风力发电过程中,发电机的转速可以随风速而变化,然后通过适当的控制措施使其发出的电能变为与电网同频率的电能送入电力系统。其优点:风力发电机可以最大限度地捕获风能,因而发电量较恒速恒频风力发电机大;具有较宽的转速运行范围,以适应因风速变化而引起的风力发电机转速的变化;采用一定的控制策略可以灵活调节系统的有功、无功功率;可抑制谐波,减少损耗,提高功率。其主要问题是由于增加了交—直—交变换装置,大大增加了设备费用。

3.3　海上风电的准备条件及技术要求

1. 事前调查

与海洋风电开发有关的事前调查内容如下:风况条件,风情特性、风况模拟;设置条件,海象条件、地质等,海底地形、波浪、流况等;选址条件,不能影响水域利用、渔业、船舶航行;环境条件,海洋生物、鸟类、景观、电波、海底地质、考古学上的物品等。调查结果应与陆地进行比较:对景观的影响,产生的噪声、电磁波、微波以及与鸟类的冲突等都应减小。

2. 选址条件

海上风力要求强劲而且稳定,远海的浅水域海流流速要低,大规模风电场的建设应保证定期船舶及航空不受妨碍;海底埋设输电电缆作业易于施工且经费应减少;动植物栖息不能受影响。

3. 基础设计

作为基础设计条件,波浪和风力组合的最大负荷以及疲劳强度的计算,最大风力负荷和流水负荷组合的最大负荷的计算,是重要课题。当风车行列中某一台发生故障而停机,就会引起紊流效应,进而导致最大负荷、疲劳负荷增加,风力发电机性能降低。设计时应当注意使其留有安全余量。

4. 景观效应

必须注意沿岸景观效应,旅游产业收入巨大。如丹麦征求住民意见后,将海上风电场风力发电机按 20 台为一弧形排列配置。

5. 输电线缆

海洋风电设备通常距沿岸为 10～30 km。由于高压交流输电(HVAC)常被反对,当输电距离较长(100 km 以上)和容量较大(30 万千瓦以上)时,人们认为,选择高压直流输电(HVDC)更合适。

6. 风电机组

(1) 海洋风电机组应是大型的,其功率通常在0.2万～0.5万千瓦或更大,而0.2万千瓦以下则适用于陆地。

(2) 风电工程造价包括风力发电机组(占78%)、电气装置(占12%)、土建工程(占6%)、电力消费(占2%)、工程管理(占2%)。其中风轮机和发电机所占比重最大,应采用新技术、新材料来降低造价,例如,采用高强度玻璃纤维加上环氧树脂来取代铝合金制造叶片,取消齿轮增速箱等。美国开发的新型叶片可使捕捉风的能力提高20%,采用变频调速后使风能利用率提高15%。

(3) 风轮叶片数目为2片或3片,2片适用于较高的周速比(叶片尖端周速与风速之比),3片则适用于较低的周速比。要注意2个叶片的转轮相对于旋转平面各轴线的螺旋桨惯性矩并不相同,由此会引起附加动态负荷,从而必须采取相应辅助结构措施。德国大型机选用1个叶片是为了降低成本,叶片造价为风轮机的1/5～1/3,3片改为1片可降低成本20%,但主流还是采用3个叶片的。

7. 浮体支撑

当水深小于20 m时为浅水域,风电设备由基础底座的支柱(通常为3根)直接插入海底以下10 m固定即可。当在水深20～300 m的深水域时,就应采用浮体结构,它是矩形或三角形箱体,漂浮在海面上。风电设备的支撑塔柱固定在盒式箱体上,浮体则由缆索牵引,缆索锚固于海底,这种漂浮箱体结构形式要注意强风时的摇动和倾斜。

8. 维护条件

与陆地环境不同,海洋风电设备特别是暴风雨天气的维护检修难度很大,有时需用直升机,费用很高,这直接影响电力成本。

3.4 海上风力发电现状

3.4.1 欧洲海上风力发电现状

为了解决风电价格与用传统能源做燃料的发电厂生产的电力价格相比缺乏竞争力的问题,目前倾向于建设大型海上风电场(图3.9)。在海洋风能开发方面,欧洲也走在世界前列。全球已经建成和计划兴建的海上风电场,绝大部分分布在欧洲。

德国和英国计划兴建的大型风电项目,单机标称功率为0.5万千瓦,风力发电机在结构和性能上能满足在海上恶劣气候条件下特殊的使用要求。欧洲海上风电场的发展分为两个阶段:第一阶段自1990年至1997年,在这个阶段,海上风电场建在离海岸近的海域,安装的是为陆地风电场设计的风力发电机;在从2000年开始的第二阶段,海上风电场安装的是专门为适应在海上严酷的气候条件下工作而设计的海上

图 3.9　海上风电场

风力发电机,这种风力发电机可在离海岸线 12 海里以外的专属经济区内工作。

在海上风电场的建设方面,德国目前已经安装了 21000 台风力发电机组,发电量占德国电力需求的 6%～7%,累计安装容量排名第一,是欧洲地区的主阵地。德国制定了到 2030 年建设约 2500 万千瓦海上风电场的目标,目前已经批准了 29 处包括近 2000 台风力发电机组的海上风电场建设项目。大力发展风力发电,尤其是海上风电场的建设目前已经在德国可再生能源战略中占有重要地位。另外,丹麦在风力发电领域占有领先地位。英国 London Array 在泰晤士河河口外修建的装机容量达100 万千瓦的风电场。

3.4.2　我国海上风力发电现状

20 世纪 70 年代中期,风能开发利用列入国家"六五"重点项目,得到较快发展。截至 2004 年年底,我国 14 个省(市)建成了 43 个风电场。随着风电场数目的不断增加,风电机组的装机容量不断扩大。1990—2004 年 15 年间,风电装机容量年均增长41.7%。2004 年累计装机容量 76.4 万千瓦,是 1990 年的 186 倍,占全国电网总装机容量的 0.17%。预计到 2020 年海上风电累计装机容量可达 3000 万千瓦,届时约占风电总装机容量的 20%。

我国是世界上风力资源较为丰富的国家之一,据估计,我国近海风能资源约为陆地的 3 倍,可发电风能资源总量约为 10 亿千瓦。目前,我国积极加紧风力发电设备国产化(图 3.10),降低设备生产和风场建设成本,并取得一定的进展,600 千瓦机组已具备一定的生产能力。我国正逐渐涉足海上风力发电领域,上海的海上风电场于2010 年启用,香港欲建全球最大海上风电场。

目前我国风电建设远远落后于世界先进水平,其主要原因是,没有加大力度依靠

图 3.10　我国首座海上风电场

国内雄厚的机电制造业基础,没有对国外风电成套设备进行吸收引进和自主开发。风电场投资高、电价高,与火电、水电相比,缺乏市场竞争能力。

　　为了发展我国风力发电产业,经国务院批准,财政部和国家税务总局联合下发文件,文件明确指出:对风力发电实行按增值税应纳税额减半征收的优惠政策。

　　国家科技部将"国家风力发电工程技术研究中心"列入 2004 年国家工程技术研究中心组建项目计划。国家风力发电工程技术研究中心已基本具备风电机组整机设计、载荷计算、零部件设计和样机试验测试等方面的能力。由此可见,我国已进入风电发展的高速期。风力发电在我国具有巨大的前景,并将带来一系列经济效益。

3.5　海上风力发电技术的发展趋势

1. 单机容量大型化

　　目前国外运行的海上风电场单机容量已由 600 千瓦增至 1000 千瓦,2000 千瓦和 5000 千瓦等更大容量风力发电机的市场份额逐渐增大。海上风力发电机将继续向单机容量大型化的方向发展。

2. 新型海上风力发电机逐步发展

　　直接驱动同步环式发电机、直接驱动永磁式发电机等新型海上风力发电机将会得到不断的研发和运行,进一步优化发电机的发电性能,减少桨叶数量以减少生产和安装等成本。开发海上风力发电机的相关设备,适应海上潮湿、易腐蚀等恶劣环境的需要。

3. 由浅海向深海发展

　　根据欧美海上风能资源分布及发展趋势分析,浅海域风力发电场的发展已经不能满足风能发展的要求,海上风电场将从 30～50 m 的浅海区域向 50～200 m 的深海区域发展,届时全球的风能资源利用率将有更大幅度的提高,以满足更大范围内的电力需求。

第4章 波浪力资源

4.1 海浪简介

4.1.1 海浪的形成

海洋中水体的波动现象是多种自然因素相互作用产生的,比如风力、盐度梯度、温度梯度导致的水体运动。但海浪的产生主要由于风力,而归根结底源于太阳能。气压的梯度导致风的形成。起风时平静的水面在摩擦力的作用下便会出现水波,随着风速增大,波峰随之增大,相邻两波峰之间的距离也逐渐增大,当风速继续增大到一定程度时,波峰会发生破碎,这时就形成了波浪,如图4.1所示。

图 4.1　海洋中的波浪

4.1.2 海浪的分类

按照不同的标准,海浪可以分为多种类型。

1. 不规则波和规则波

湾面上的波浪是一种随机现象。其波浪要素是不断变化的,称为不规则波。为了研究波动规律,人们用一个理想的各个波的波浪要素均相等的波浪系列来代替不规则波浪系列。这种理想的波浪称为规则波。如实验室内用人工方法产生的波浪。

2. 风浪、涌浪和混合浪

风作用下产生的波浪称为风浪。其剖面是不对称的。风停止后海面上继续存在的波浪或离开风区传播至无风水域上的波浪称为涌浪。涌浪的外形比较规则,波面光滑。风浪与涌浪叠加形成的波浪称为混合浪。

3. 二维波和三维波

在海面上,当波峰线几乎是平行的很长的直线时,这种波浪称为二维波或长峰波,例如涌浪。而在大风作用下,波浪线难以辨认,波峰和波谷交替出现,这种波浪称为继波或短峰波,如风浪。

4. 毛细波、重力波和长周期波

复原力以表面张力为主时称为毛细波或表面张力波。如风力很小时海面上出现的微小皱曲的涟波就是毛细波,其周期常小于 1 s。当波浪尺度较大时,水质点恢复平衡位置的力主要是重力,这种波浪称为重力波,如风浪、涌浪、船行波以及地层波等。长周期波主要指日、月引力造成的潮波,还包括大洋涌浪等周期较长的波动,其原复力是重力及科氏力。

5. 深水波和浅水波

在水深大于半波长的水域中传播的波浪称为深水前进波,简称深水波。深水波不受海底的影响,波动主要集中于海面以下一定深度的水层内,水质点运动轨迹近似圆形,常称为短波。当深水波传至水深小于半波长的水域时,称为浅水前进波,简称浅水波。浅水波受到海底摩擦的影响,水质点运动轨迹接近于椭圆形。水深相对于波长较小,又称为长波。

此外,根据一个波浪周期内水质点的运功轨迹是否封闭,波浪可分为振荡波和推移波,根据波形是否向前传播,波浪可分为前进波和驻波。

4.1.3　海浪的基本要素

1. 规则波

按照图 4.2 对规则波进行如下定义。

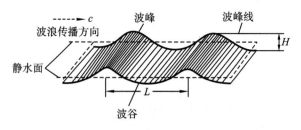

图 4.2　规则波要素的定义

波峰与波峰顶:波浪剖面高出静水面的那一部分称为波峰,其最高点称为波峰顶。

波谷与波谷底:波浪剖面低于静水面的部分称为波谷,其最低点称为波谷底。

波峰线:垂直波浪传播方向上波峰顶的连线。

波向线:与波峰线正交的线,即波浪传播方向。

波高 H:规则波相邻波峰顶与波谷底之间的垂直距离。

波长 L：规则波相邻波峰顶（或者相邻波谷底）之间的水平距离。

周期 T：波浪起伏一次所需的时间，或者相邻两波峰通过空间固定点所经历的时间间隔。

波速 c：波的移动速度，它的大小等于波长 L 与周期 T 之比。

2．不规则波

根据波浪观测，海面上某固定点波面随时间变化的过程线是一个复杂的不规则波波列，因此需要另外给出波浪要素的定义。图 4.3 中横轴表示时间，同时也代表静水面，纵轴表示波面相对于静水面的垂直位移，波面从下而上跨过横轴的交点称为上跨零点（例如点 0、9），从上而下跨过横轴的交点称为下跨零点（例如点 3、6）。相邻的两个上跨零点（或下跨零点）间的时间间隔称为周期。由观测记录可知，依次读取的各个周期是不等的，其平均值称为平均周期（$\overline{T}$）。在一个周期内取波面的最高点作为波峰顶（例如点 4），同样，波面的最低点作为波谷底（例如点 7），波峰顶与波谷底之间的垂直距离定义为波高。显然，图中的各个波高也是不等的，其平均值称为平均波高（$\overline{H}$）。统计表明，无论采用上跨零点或下跨零点定义波高和周期，其平均值是基本相同的。

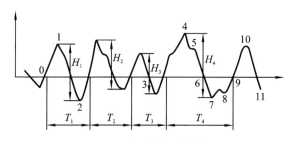

图 4.3　不规则波要素的定义

4.2　海浪的统计分析

4.2.1　海浪的特点

1．海浪是一个随机过程

要理解海浪是一个随机过程，首先回顾一下概率论中的随机变量的概念。最简单的例子是射击中靶的环数，在相同条件下射击一次作为一次实验，每次射击之前都不能预估能打中几环。射击之后又必然出现 $0,1,2,\cdots,10$ 中间的一个确定的环数，把这一类随机现象称为随机变量。可见随机变量是这样的量，它的每次实验结果能取得一个确定的但事先不能预估的数。

实践中还有许多随机现象，它的每次实验结果出现的不是一个确定的数，而是一个不能预先估定的随时间连续变化的确定的过程，或者说是一个确定的时间的函数，称这类随机现象为随机过程或随机函数。

海浪的波面升高可以用浪高仪记录下来,我们可看到海浪的波面升高随时间变化是一条连续的曲线,这就是说海浪是一个随机过程。

为了研究相同条件海区的风浪特性,我们引入"现实"与"样集"的概念。设想把大量同一类型的浪高仪置于海面的不同位置,同时记录波面升高 ξ,每一个浪高仪的记录代表一个以时间为变量的随机过程 $\xi(t)$,它是许多记录中的一个"现实"。所有浪高仪记录的总体代表了整个海区海浪随时间的变化,称为"样集",它能大体上描绘该海区这一时间的海浪状况。

如果各浪高仪记录的"现实"分别为 $\xi_1(t),\xi_2(t),\xi_3(t),\cdots,\xi_n(t)$,则"样集"是由 n 个随机过程的"现实"构成的。

2. 海浪的平稳性

海浪是一个平稳的随机过程。确定随机过程的统计特性有两种方法:一是考虑时间 $t=t_1$、$t=t_2$ 等处的统计特性,称为横截"样集"的统计特性;二是考虑随时间变化的统计特性,称为沿着"样集"的统计特性。平稳随机过程的统计特性可以用横截"样集"中任一个"现实"的统计特性来表征。这样,可使随机过程统计特性的计算工作大大简化。在实践工作中,通常把风浪看成是一个平稳随机过程,即它具有平稳性,也就是说,它们的统计值是稳定的,不随时间而变化。

3. 海浪的各态历经性

对于平稳随机过程,各态历经性要满足以下两个条件:一是"样集"中每一个现实的统计特性相等;二是"样集"的统计特性等于一个现实的统计特性。由此可以看出,对于具备各态历经性的随机过程,可以用单一记录的时间平均来代替 n 个记录的"样集"平均,使随机过程的数据分析工作进一步简化。例如,分析某一海区的风浪特性,根据各态历经性假定,只要取一个浪高仪足够长的时间记录,例如,20 min 的记录,对此进行分析所得的统计特性就能表征整个海区的统计特性。

4.2.2　海浪的概率分布

一般用绘制直方图的方法来确定海浪的概率密度函数。由于海浪满足各态历经性的假定,所以只要取足够长的一段记录曲线(例如 20 min)进行分析。分析步骤如下。

(1)以等间隔 Δt,量取 n 个波面升高:$\xi_1,\xi_2,\xi_3,\cdots,\xi_n$,保留子样的正负号。

(2)按大小分成 K 组,间隔 $\Delta\xi$ 取最大波面升高的 $\frac{1}{10}$,$K=10$ 左右,计算各组中子样个数 M_J。

(3)求每组波面升高出现的频率:$P=M_J/n$。

(4)作直方图:在横轴上截取各组的范围,在每一组上以组距 $\Delta\xi$ 为底作高为 $P/\Delta\xi$ 的长方形,即长方形的面积等于该组的频率。常见的概率分布函数有三种:正态分布的概率密度函数;瑞利分布的概率密度函数;泊松分布的概率密度函数。

4.2.3　海浪谱

统计规律反映了海浪的外观特征,而要说明波浪的内部结构则需要借助海浪谱。

因为不规则波是由单元波叠加而成的,所以不规则波的能量等于单元波能量之和。在频率区间 ω_n 至 $\omega_n + \Delta\omega$ 之间的单元波在单位波面积的能量为

$$\frac{1}{2}\rho g \sum_{\Delta\omega} \xi_{an}^2 \tag{4.1}$$

式中:ρ——海水密度;

$\quad g$——重力加速度;

$\quad \xi_{an}$——单元波的振幅。

如果这个能量用 $\frac{1}{2}\rho g S_\xi(\omega_n)\Delta\omega$ 表示,则得

$$\frac{1}{2}\rho g \sum_{\Delta\omega} \xi_{an}^2 = \frac{1}{2}\rho g S_\xi(\omega_n)\Delta\omega \tag{4.2}$$

式中:$S_\xi(\omega_n)$——海浪谱的密度函数。

于是可得

$$S_\xi(\omega_n) = \frac{\frac{1}{2}\rho g \sum_{\Delta\omega} \xi_{an}^2}{\Delta\omega} \tag{4.3}$$

当频率区间无限缩小时,在此区间的单元波趋于确定频率的 ω_n 的单元波,则有如下定义。

1. 海浪谱的定义

设 ξ_a 为单元波振幅;$S_\xi(\omega)$ 为海浪谱的密度函数,n 为标号,则

$$S_\xi(\omega_n) = \frac{\frac{1}{2}\xi_{an}^2}{\Delta\omega} \tag{4.4}$$

不失一般性,去掉标号 n,则上式可写成

$$S_\xi(\omega) = \frac{\frac{1}{2}\xi_a^2}{\Delta\omega} \tag{4.5}$$

即 $S_\xi(\omega)$ 与单元波的能量与频率区间的比值成正比。可以想象得到,$S_\xi(\omega)$ 为能量分布的密度,表征了不规则波的能量在不同频率单元波上的分布情况,所以,式(4.5)称为海浪谱的密度函数。谱密度随频率的变化的曲线称为谱密度曲线。如果将 $S_\xi(\omega)$ 在某一频率范围内积分并乘以 ρg,则代表在这个频率区间内组成不规则波的各单元波所含有的能量。并经过计算表明:谱密度曲线下的面积等于随机过程的方差,故有时 $S_\xi(\omega)$ 也称为方差谱。

不规则波的谱密度表示不规则波内各单元波的能量分布情况,它表明了组成不

规则波的哪些频率的单元波起主要作用,哪些频率的单元波起次要作用,清楚地表明了不规则波的内部结构,因此海浪谱是描述海浪的强有力工具。

2. 海浪谱公式

海浪谱的理论计算是相当复杂的,为此海洋和造船工作者根据大量的海上观察和理论分析得到了各种海浪谱的计算公式,供实践时使用。下面介绍几种常用的海浪谱公式。

1) 纽曼海浪谱公式

纽曼根据充分发展的海浪的统计规律,经过分析得出一个半经验的海浪谱公式:

$$S_\xi(\omega) = 2.47\omega^{-6}\exp\left(-\frac{2g^2}{\omega^2 U}\right) \tag{4.6}$$

式中:U——平均风速,m/s;

　　ω——海浪圆频率,s^{-1};

　　g——重力加速度,$9.81\ \text{m/s}^2$。

2) 皮尔逊·莫斯柯维奇海浪谱公式

皮尔逊·莫斯柯维奇根据大西洋充分发展海浪资料的分析,提出了一个半经验的海浪谱公式,即

$$S_\xi(\omega) = 0.78\omega^{-5}\exp\left(-\frac{0.74g^4}{\omega^4 U^4}\right) \tag{4.7}$$

式中:U——在 19.5 m 高度处的平均风速,m/s;

　　ω——海浪圆频率,s^{-1};

　　g——重力加速度,$9.81\ \text{m/s}^2$。

当资料给出的是有义波高 $\bar\xi_{\text{w}\frac{1}{3}}$ 时,可以按照下式近似地计算风速:

$$U = 6.58\sqrt{\bar\xi_{\text{w}\frac{1}{3}}} \tag{4.8}$$

式中:$\bar\xi_{\text{w}\frac{1}{3}}$——有义波高,m。

3) 国际船模实验池会议推荐的标准海浪谱

ITTC 波谱是基于皮尔逊·莫斯柯维奇海浪谱公式提出的,主要有两种谱型:单参数法和双参数法。

对于单参数海浪谱,有

$$S_\xi(\omega) = A\omega^{-5}\exp\left(-\frac{B}{\omega^4}\right) \tag{4.9}$$

式中:$A = 8.10\times10^{-3}g^2 = 0.78$;

　　$B = \dfrac{3.12}{\bar\xi_{\text{w}\frac{1}{3}}^2}$;

　　$\bar\xi_{\text{w}\frac{1}{3}}$——有义波高,m。

对于双参数海浪谱,有

$$S_\xi(\omega) = A\omega^{-5}\exp\left(-\frac{B}{\omega^4}\right) \tag{4.10}$$

$$A = \frac{173\,\overline{\xi^2_{w\frac{1}{3}}}}{T_1^4} \qquad (4.11)$$

$$B = \frac{691}{T_1^4} \qquad (4.12)$$

式中：$\overline{\xi}_{w\frac{1}{3}}$——有义波高，m；

T_1——海浪的特征周期，s；$T_1 = 2\pi \dfrac{m_0}{m_1}$；

m_0、m_1——海浪谱对原点的 0 次矩和一次矩。

在缺乏海浪资料的情况下，也可以用平均观察周期来代替 T_1。

4）我国海洋部门提出的沿海海浪谱公式

$$S_\xi(\omega) = 0.74\omega^{-5}\exp\left(-\frac{96.2}{\omega^2 U^2}\right) \qquad (4.13)$$

式中：U——平均风速，m/s。

风速与有义波高之间的关系为

$$U = 6.28\sqrt{\overline{\xi}_{w\frac{1}{3}}} \qquad (4.14)$$

短峰波的海浪谱公式为

$$S_\xi(\omega,\chi) = \frac{2}{\pi}\cos^2\chi \cdot S_\xi(\omega) \qquad (4.15)$$

式中：$S_\xi(\omega,\chi)$ ——海浪沿不同方向组成的波谱，称为方向谱；

$\dfrac{2}{\pi}\cos^2\chi$ ——扩散函数；

$S_\xi(\omega)$ ——长峰波函数；

χ——单元波向与主浪向间的夹角，$-\dfrac{\pi}{2} \leqslant \chi \leqslant \dfrac{\pi}{2}$。

4.3　波　浪　能

4.3.1　波浪能简介

波浪能是指海洋表面波浪所具有的动能和势能。波浪能是由风把能量传递给海洋而产生的，它实质上是吸收了风能而形成的。波浪能能量传递速率和风速有关，也和风与水相互作用的距离（即风区）有关。水团相对于海平面发生位移时，使波浪具有势能，而水质点的运动则使波浪具有动能。波浪的能量与波高的平方、波浪的运动周期以及迎波面的宽度成正比。波浪储存的能量通过摩擦和湍动而消散，其消散速度的大小取决于波浪特征和水深。深水海区大浪的能量消散速度很慢，从而导致了波浪系统的复杂性。

4.3.2　波浪能利用

波浪能的能量是巨大的,但利用它却很困难。近年来,风力发电已经占据了平原和山岭地区,太阳能电池板也铺满了大片的屋顶和沙漠地域。当风力发电和太阳能技术开始出现并逐步提高时,波浪能应用技术仍处于起步阶段。

在海洋能源中,潮汐能已经被人们开发利用,但潮汐能受地域、时间等限制较大。波浪能在海洋中无处不在,无处不有,而且受时间限制相对较小,在很大程度上克服了潮汐能的这些缺点,同时波浪能的能流密度最大,可通过较小的装置提供可观的廉价能量,又可以为边远海域的国防、海洋开发等活动提供能量,因此,世界各海洋大国均十分重视波浪能的开发和利用的研究。

波浪能的开发和利用是一个涵盖多个学科的综合性问题,涉及机械设计与制造、空气动力学、流体力学、物理学、数学模型、计算机模拟、海洋科学等各领域。在太平洋、大西洋东海岸的某些区域,波浪功率密度可达到 $30\sim70$ kW/m,部分地方甚至能够达到 100 kW/m,我国海岸大部分的年平均波浪功率密度为 $2\sim7$ kW/m。

4.3.3　波浪能发电

1. 波浪能发电的原理

波浪能发电是指利用海面波浪的垂直运动、水平运动和海浪中水的压力变化产生的能量发电。波浪能发电一般是利用波浪的推动力,使波浪能转化为推动空气流动的压力(原理与风箱相同,只是用波浪做动力,水面代替活塞),气流推动空气涡轮机叶片旋转而带动发电机发电。图 4.4 是波浪能发电装置的几种形式。

目前已经研究开发的比较成熟的波浪能发电装置基本上有三种类型。

1) 机械式

机械式发电工作原理如图 4.5 所示,它是通过某种传动机构实现波浪能从往复运动到单向旋转运动的传递来驱动发电机发电的,是一种采用齿条、齿轮和棘轮机构的机械式装置。随着波浪的起伏,齿条跟浮子一起升降,驱动与之啮合的左右两只齿轮做往复旋转。齿轮各自以棘轮机构与轴相连。齿条上升,左齿轮驱动其轴逆时针旋转,右齿轮则顺时针空转。通过后面一级齿轮的传动驱动发电机顺时针旋转发电。机械式装置多是早期的设计,往往结构笨重,可靠性差,实用性差。

2) 气动式

气动式发电是通过气室、气袋等泵气装置将波浪能转换成空气能,再由汽轮机驱动发电机发电的方式。漂浮气动式装置工作原理如图 4.6 所示。由于波浪运动的表面性和较长的中心管的阻隔,管内水面可看作静止不动的水面。管内水面和汽轮机之间是气室。当浮体带中心管随波浪上升时,气室容积增大,经阀门吸入空气。当浮体带中心管随波浪下降时,气室容积减小,受压空气将阀门关闭经汽轮机排出,驱动冲动式汽轮发电机组发电。这是单作用的装置,只在排气过程有气流功率输出。双

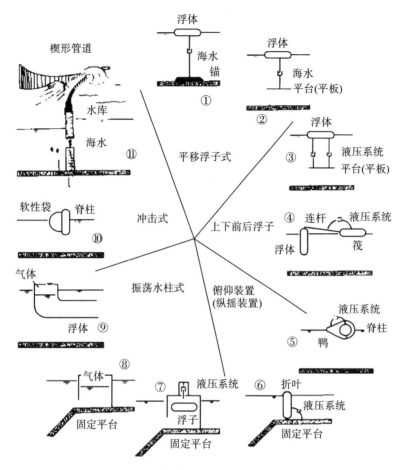

图 4.4 波浪能发电装置的仿效图

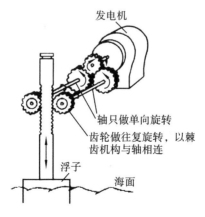

图 4.5 机械式发电工作原理示意图

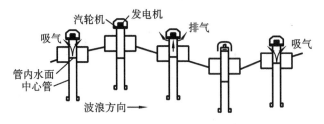

图 4.6 漂浮气动式装置工作原理图

作用装置有两组吸气阀和两组排气阀,固定气室的内水位在波浪激励下升降,形成排气、吸气过程。四组吸气阀、排气阀相应开启和关闭,使交变气流整流成单向气流通过冲击式汽轮机,驱动发电机发电,在吸气、排气过程中都有功率输出。气动式装置在日本益田善雄发明的导航灯浮标用波浪能发电装置上获得了成功的应用。1976年,英国的威尔斯发明了能在正反向交变气流作用下单向旋转做功的对称翼汽轮机,省去了整流阀门系统,使气动式装置大为简化。如图 4.7 所示,该型汽轮机已在英国、中国新一代导航灯浮标波浪能发电装置和挪威奥依加登岛 500 kW 波浪能发电站获得成功的应用。采用对称翼汽轮机的气动式装置是迄今最成功的波浪能发电装置之一。

气动式装置的优点是使缓慢的波浪运动转换为气轮机的高速旋转运动,机组缩小,且主要部件不和海水接触,提高了可靠性。

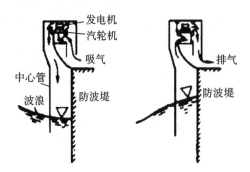

图 4.7 对称翼汽轮机工作原理图

3) 液压式

液压式发电是通过某种泵液装置将波浪能转换为液体(油或海水)的压能或位能,再由油压马达或水轮机驱动发电机发电的一种方式,如图 4.8 所示。波浪运动产生的流体动压力和静压力使靠近鸭嘴的浮动前体升沉并绕相对固定的回转轴往复旋转,驱动油压泵工作,将波浪能转换为油的压能,经油压系统输送,再驱动油压发电机组发电。点头鸭装置有较高的波浪能转换效率,但结构复杂,海上工作安全性差,未获得实用。

2. 我国波浪能储量及分布情况

根据现有观测资料计算统计,全国沿岸波浪能资源平均理论功率为 1285 万千

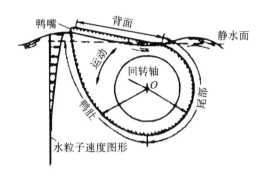

图 4.8　液压式发电工作原理示意图

瓦。需要指出的是,全国沿岸还有很多著名的大浪区,因迄今尚无实测资料,故无法把这些资源计算在内。我国沿岸的波浪能资源以台湾省沿岸最多,为 429 万千瓦,占全国总量的 1/3;其次是浙江、广东、福建和山东等沿岸较多,为 161 万~205 万千瓦,合计为 706 万千瓦,占全国总量的 55%;其他省市沿岸则较少,为 14.4 万~56.3 万千瓦。

3. 波浪能研究开发现状

　　波浪能是全世界被研究得最为广泛的一种海洋能源。见于文字的波能装置专利,可上溯到 1799 年法国人吉拉德父子所提出的波浪能发电装置。在 20 世纪 60 年代以前,付诸实施的装置报道至少在 10 个以上,遍及美国、加拿大、澳大利亚、意大利、西班牙、法国、日本等。20 世纪 60 年代初,日本的益田善雄研制成功航标灯用波浪能发电装置,开创了波浪能利用商品化的先例。但对波浪能进行有计划的研究开发,则是 20 世纪 70 年代石油危机之后,以英国、美国、挪威、日本为代表,他们对众多的波浪能转换原理进行了较全面的实验室研究。20 世纪 80 年代,波浪能利用进入以实用化、商品化为目标的应用示范阶段,并基本建立了波浪能装置的设计理论和建造方法。全世界近 20 年建造的波浪能示范和实用装置在 30 个以上。

　　世界上第一个商业海浪发电厂——“海蛇”(图 4.9)位于葡萄牙北部海岸,2008年投入运转。“海蛇”的发电机组是由三个 150 m 长的铰接钢结构组成,其工作原理是利用弯曲移动带动水轮发电机,可产生 750 千瓦电量。

　　名为“巨蟒”的海浪发电机组(图 4.10)由英国 Checkmate 海洋能源公司设计,是一种类似蟒蛇的大型发电设备,由橡胶而不是钢铁制成。“巨蟒”实际上是一根装满水的管子,当海浪在上方对它产生挤压时,其内部可产生一个“向外膨胀的波浪”,波浪在到达尾端时可带动发电机发电。

　　据悉,最终设计完成的“巨蟒”宽度将达到 7 m,长度达到 200 m,为原型 1/25 大小的试验装置已完成测试。“巨蟒”开发人员表示,全尺寸“巨蟒”投入使用后,可满足1000 个普通家庭的用电需求。据他们透露,“巨蟒”将于 2014 年左右投入运转。

　　2008 年在澳大利亚西部安装了一个漂浮系统,它可通过水管将海水泵入岸上的

图 4.9　"海蛇"发电机组　　　　　　　　图 4.10　"巨蟒"发电机组

水轮机中。由于是在岸上,所以水轮机的外表面不会被海水腐蚀。

图 4.11 所示为阿基米德海浪发电装置,这些漂浮物至少要潜入水下 6 m。其上半部分在海浪经过时被迫向下移动,然后又重新回到原有位置。当海浪波峰经过时,活塞向下移动压缩内部的空气;当海浪波谷经过时,活塞则向上移动将空气释放出来。被压缩的气体穿过漂浮物内部的发电机而发电。

我国波浪发电研究开始于 1978 年,经过多年的开发研究获得了较快的发展。我国从 1986 年开始在珠江口大万山岛建设 3 千瓦波浪发电站,随后几年又将该发电站改造成 20 千瓦的发电站(图 4.12)。出于抗台风方面的考虑,该电站设计了一个带有破浪锥的过渡气室及气道,将机组提高到海面上约 16 m 高之处,大大减小了海浪对机组直接打击的可能性。发电装置采用变速恒频发电机与柴油发电机并联运行,发电比较平稳。"十五"期间投资的广州汕尾发电站,2005 年 1 月成功地实现了把不稳定的波浪能转化为稳定电能的目的。

图 4.11　阿基米德海浪发电装置　　　　图 4.12　珠江口大万山岛波浪发电站

"十五"期间,我国专家根据国内外波浪能现有技术及其优缺点,提出了一种半飘浮、半固定的波浪能装置——振荡浮子式波浪能装置。它具有漂浮式的浮子、固定式的浮子滑槽,其优点是在建造时的难度和成本比其他固定式波浪能装置要低,而抗台风能力又比其他漂浮式和固定式波浪能装置高,目前我国已将这种波浪能装置发展成为独立的发电与制淡(水)先进系统。其主要优势在于:它能完全脱离陆地电网而独立发挥效益,可以有效地采用蓄能手段,将波浪能转换的电能储存起来,供用户随时使用;它还可根据用户需要,将海水变成淡水;该系统在浪大时可持续稳定发电,在浪小时能间歇稳定发电,其独立性、稳定性以及建设的简便性,极具实用价值。

4. 关键技术问题

波浪能的利用并不容易,波浪能是可再生能源中最不稳定的能源。波浪不能定期产生,各地区波高也不一样,由此造成波浪能利用上的困难。利用波浪能发电要依靠波浪能发电装置。但是由于海浪具有力量强、速度慢和周期性变化的特点,100多年来,世界各国科学家提出了300多种设想,发明了各种各样的波浪能发电装置,但是普遍发电功率很小,效果较差。

(1) 独立发电问题。最早的波浪能发电装置需要与柴油机并联工作,这样会造成污染;后来则需要依靠电网,先把波浪能转化的电能供应到电网上,然后才可以利用。这样又会受到电网覆盖范围的限制,造成发电成本高昂、发电功率小、质量差等问题。

(2) 稳定性问题。由于受技术限制,波浪能发电装置只能将吸收来的波浪能转化为不稳定的液压能,这样再转化的电能也是不稳定的。英国、葡萄牙等欧洲国家采用昂贵的发电设施,仍无法得到稳定的电能。

(3) 控制问题。由于波浪的运动没有规律性和周期性,浪大时能量有剩余,浪小时能量供应不足。这就需要有一种设备在浪大时将多余的波浪能储存、再利用。

4.3.4　发展前景

波浪能的开发利用将具有很广泛的应用价值,目前的海浪发电的装置可为海水养殖场、海上灯船、海上孤岛、海上气象浮标、石油平台等提供能源,还可以并入城市电网提供工业或民用的能源。波浪能开发利用的关键是在降低发电成本的同时,提高发电的稳定性,发展波浪能独立发电系统,使用户直接使用波浪能。如广州能源研究所研制的波浪能独立发电系统第一次实海况试验已经获得成功,它在抗冲击、稳定发电、小浪发电等方面均达到预期效果;发电功率6千瓦,发电稳定性优于柴油机发电系统,达到用户直接使用的水平。但是,由于海洋的特殊性,目前世界上已有的利用海洋能发电的研究和实践,还有很多问题需要解决:能量分散不易集中,投资巨大,电量都不大,总效率低。

波浪能是一种密度低、不稳定、无污染、可再生、储量大、分布广、利用难的能源。由于目前波浪能的利用地点大都局限在海岸附近,因此还容易受到海洋灾害性气候的侵袭。波浪能开发成本高,规模小,社会效益好但经济效益一般,投资回收期相对较长,这些都在一定程度上束缚了波浪能的大规模商业化开发利用和发展,但随着理论和实践方面的不断发展、成熟,波浪能开发利用的前景将是十分广阔的。

第5章 盐度梯度

5.1 盐度梯度简介

5.1.1 海水盐度的定义

海水盐度是海水中含盐量的一个标度。海水含盐量是海水的重要特性,它与温度和压力三者,都是研究海水的物理过程和化学过程的基本参数。海洋中发生的许多现象和过程,常与盐度的分布和变化有关,因此海洋中盐度的分布及其变化规律的研究,在海洋科学上占有重要的地位。

1. 基于化学方法的盐度的首次定义

1902 年克纽森(Knudsen)等人基于化学分析测定方法,给盐度下的定义为:1 kg 海水中的碳酸盐全部转换成氧化物,溴和碘以氯当量置换,有机物全部氧化之后所剩固体物质的量。其单位是 g/kg。

按上述方法测定盐度相当烦琐。1891 年马赛特发现,海水组成具有恒定性,即海水中的主要成分在水样中的含量虽然不同,但它们之间的比值是基本稳定的。据此,如果能测出海水中某一主要成分的含量,便可推算出海水的盐度。

已知海水中的氯含量最多,且可方便地用 $AgNO_3$ 滴定法加以测定,由于海水组成基本稳定,所以可用测定海水氯含量的方法来计算盐度,公式为

$$S(g/kg) = 0.030 + 1.8050 c_{Cl}(g/kg) \tag{5.1}$$

式(5.1)称为 Knudsen 盐度公式,其中 $c_{Cl}(g/kg)$ 称为海水的氯度,即 1 kg 海水中的溴和碘以氯当量置换时氯离子的质量(g)。可见,氯度的量值要稍大于海水的实际氯含量。

用 $AgNO_3$ 滴定法测定海水的氯度时,需要知道 $AgNO_3$ 的浓度。国际上统一使用一种氯度精确为 19.374 g/kg 的大洋水作为标准,称为标准海水,其盐度为 35.000 g/kg。

2. 盐度的重新定义

依式(5.1)计算盐度是很方便的,它一直延续使用到 20 世纪 60 年代。随着电导盐度计的问世,测定盐度的方法更为方便,且精度大为提高。考克斯等人对从大洋和不同海区不深于 100 m 水层内采集的 135 个水样,准确地测定其氯度,然后计算其盐度,同时测定水样的电导比 R_{15},得出盐度 $S(g/kg)$ 与电导比 R_{15} 有以下关系:

$$S(g/kg) = -0.08996 + 28.29720 R_{15} + 12.80832 R_{15}^2$$
$$-10.67869 R_{15}^3 + 5.98624 R_{15}^4 - 1.32311 R_{15}^5 \tag{5.2}$$

式(5.2)中，R_{15} 为在 15 ℃、标准大气压(101325 Pa)下，水样的电导率 $C(S,15,0)$ 与盐度精确至 35.000 g/kg(Cl (g/kg)＝19.374 g/kg)时的标准海水电导率 $C(35,15,0)$ 的比值。依此方法测定盐度的精度高且速度快。因此，国际"海洋学常用表和标准联合专家小组"(JPOTS)于 1969 年推荐该式为海水盐度的新定义。

为使盐度的测定不依赖氯度的测定，JPOTS 又提出了 1978 年实用盐度标准 (the practical salinity scale,1978)，并建立了计算公式，编制了查算表，自 1982 年 1 月起在国际上推行。

1) 建立实用盐度的固定参考点

实用盐度仍然是用电导率测定的，为使海水的盐度与氯度脱钩，所以选择一种精确浓度的氯化钾(KCl)溶液作为可重复制造的电导标准，用海水相对于 KCl 溶液的电导比来确定海水的盐度。

为保持盐度历史资料与实用盐度资料的连续性，仍采用原来氯度为 19.374 g/kg 的国际标准海水为实用盐度 35.000 g/kg 的参考点。配制一种浓度为 32.4356 g/kg 高纯度的 KCl 溶液，它在标准大气压、温度为 15 ℃时，与氯度为 19.374 g/kg (盐度为 35.000 g/kg)的国际标准海水在同压、同温条件下的电导率恰好相同，它们的电导比为

$$K_{15} = \frac{C(35,15,0)}{C(32.4356,15,0)} \tag{5.3}$$

也就是说，当 $K_{15}=1$ 时，标准 KCl 溶液的电导率对应的盐度为 35.000 g/kg。把这一点作为实用盐度的固定参考点。

2) 实用盐度的计算公式

$$S_{实} = \sum_{i=0}^{5} a_i K_{15}^{1/2} \tag{5.4}$$

式(5.4)中，K_{15} 是在标准大气压、温度为 15 ℃时，海水样品的电导率与标准 KCl 溶液的电导率 γ 之比。在 15 ℃、标准大气压时，γ 等于 42.896 mS/cm，这虽不是世界公认的数值(目前还没有公认的数值)，但只要传感器在定标和测量时使用的是同一数值，则该数值就不妨碍海水盐度的计算。

式(5.4) 中，$a_0 = 0.0080, a_1 = -0.1692, a_2 = 25.3851, a_3 = 14.0941, a_4 = -7.0261, a_5 = 2.7081, \sum_{i=1}^{5} a_i = 35$；适用范围为 $2 \leqslant S_{实} \leqslant 42$。

由于海水的绝对盐度(SA)——海水中溶质的质量与海水质量之比值是无法直接测量的，它与测定的盐度 $S_{实}$ 显然有差异，因此也称 $S_{实}$ 为实用盐度(PSU)。实用盐度不再使用单位 g/kg，因而实用盐度在数字上是旧盐度的 1000 倍。

3. 盐度测量技术的发展及比较

盐度测定，就方法而言，有化学方法和物理方法两大类。

1）化学方法

化学方法又简称硝酸银滴定法。其原理是,在离子比例恒定的前提下,采用硝酸银溶液滴定,通过麦克伽莱表查出氯度,然后根据氯度和盐度的线性关系来确定水样盐度。此法是克纽森等人在 1901 年提出的,在当时,不论从操作上,还是就其滴定结果的精确度来说,都是令人满意的。

2）物理方法

物理方法可分为比重法、折射率法和电导法三种。

比重法测量是海洋学中广泛采用的,即标准大气压下单位体积海水的重量与同温度同体积蒸馏水的重量之比。由于海水比重和海水密度密切相关,而海水密度又取决于温度和盐度,所以比重计的实质是,由比重求密度,再根据密度、温度推求盐度。

折射率法是通过测量水质的折射率来确定盐度。

比重法和折射率法存在误差较大、精度不高、操作复杂、不利于仪器配套等问题,尽管还在某种场合下使用,但逐渐被电导法所代替。电导法是利用不同盐度具有不同导电特性来确定海水盐度。

1978 年的实用盐度标准解除了氯度和盐度的关系,直接建立了盐度和电导比的关系。由于海水电导率是盐度、温度和压力的函数,因此,通过电导法测量盐度必须对温度和压力对电导率的影响进行补偿,采用电路自动补偿的盐度计为感应式盐度计。采用恒温控制设备,免除电路自动补偿的盐度计为电极式盐度计。

感应式盐度计以电磁感应为原理,它可在现场和实验室测量,因而得到了广泛的应用,在实验室测量时精度可达 0.003。该仪器对现场测量来说是比较好的,特别对于有机污染物含量较多、不需要高精度测量的近海来说,更是如此。但是,由于感应式盐度计需要的样品量很大,灵敏度不如电极式盐度计高,并需要进行温度补偿,操作麻烦,这就导致又从感应式盐度计转向电极式盐度计的发展。

最先利用电导测量盐度的仪器是电极式盐度计,由于电极式盐度计测量电极直接接触海水,容易出现极化和受海水腐蚀、污染,使其性能减退,这就严重限制了在现场的应用,所以主要用在实验室内做高精度测量。加拿大盖德莱因（Guildline）仪器公司采用四极结构的电极式盐度计（8400 型）解决了电极易受污染等问题,于是,电极式盐度计得以再次风行。目前广泛使用的 STD、CTD 等剖面仪均为电极式结构。

5.1.2 盐度梯度的概念

1. 梯度

设体系中某处的物理参数（如温度、速度、浓度等）为 w,在与其垂直距离的 dy 处该参数为 $w+dw$,则称 dw/dy 为该物理参数的梯度,也即该物理参数的变化率。如果参数为速度、浓度或温度,则分别称为速度梯度、浓度梯度或温度梯度。

2. 盐度梯度

在梯度的定义中,取物理参数为海水的盐度,就得到盐度梯度。

5.2 盐度分布

从宏观上看,世界大洋中盐度的基本特征是:在表层大致沿纬向呈带状分布,即东—西方向上量值的差异相对很小;而在经向,即南—北方向上的变化则十分显著。在垂直方向上基本呈层化状态,且随深度的增加其水平差异逐渐缩小,至深层,其盐分布均匀。它们在垂直方向上的变化相对水平方向上要大得多,因为大洋的水平尺度比其深度要大几百倍至几千倍。世界大洋盐度平均值以大西洋最高,为 34.90;印度洋次之,为 34.76;太平洋最低,为 34.62。但是,其空间分布极不均匀。

5.2.1 大洋表层的盐度分布

大洋表层的盐度分布总特征是,基本上也具有纬线方向的带状分布特征,但从赤道向两极呈马鞍形的双峰分布:赤道海域盐度较低;从赤道至副热带海域,其盐度达最高值(南、北太平洋分别达 35 和 36 以上,大西洋达 37 以上,印度洋也达 36);从副热带向两极,盐度逐渐降低,至两极海域,盐度降至 34 以下,这与极地海区结冰、融冰的影响有密切关系。但在大西洋东北部和北冰洋的挪威海、巴伦支海,盐度则普遍升高,这是大西洋流和挪威流携带高盐水输送的结果。另外,大洋表层盐度与其水量收支有着直接的关系。就大洋表层盐度的多年平均值而言,其经线方向分布与蒸发、降水之差有极为相似的变化规律。若将世界大洋表层的盐度分布和年蒸发量与降水量之差的地理分布相对照,可以看出,高值区与低值区分别与高盐区和低盐区存在着极其相似的对应关系。在大洋南、北副热带海域呈明显的高值带状分布,其盐度也对应为高值带状;赤道区的低值带,则对应盐度的低值区。

在印度洋北部、太平洋西部等大洋边缘海区,由于降水量远远超过蒸发量,故呈现出明显的低盐区,它们偏离了带状分布特征。世界各大洋平均盐度随纬度的变化如图 5.1 所示。

在寒暖流交汇区域和径流冲淡海区,盐度梯度特别大,这显然是由它们盐度的显著差异造成的,其梯度在某些海域可达 0.2 km^{-1} 以上。

海洋中盐度的最高值与最低值多出现在一些大洋边缘的海盆中,如红海北部盐度高达 42.8,是世界上盐度最高的海。图 5.2 所示是死海,但它是湖不是海。波斯湾和地中海盐度在 39 以上,这些海区由于蒸发很强而降水与径流都很小,并与大洋水的交换又不畅通,故其盐度较高。而在一些降水量和径流量远远超过蒸发量的海区,其盐度则很小,如黑海为 15~23;波罗的海深层和近底层的盐度,西部为 16,中部为 12~13,北部为 10 左右,是世界上盐度最低的海。

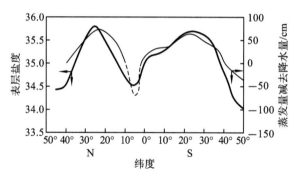

图 5.1　世界各大洋平均盐度随纬度的变化

图 5.2　死海

5.2.2　大洋盐度的垂直向分布

大洋盐度的垂直向分布与温度的垂直向分布有很大不同。在赤道海区,盐度较低的海水只涉及不大的深度。其下便是由南、北半球副热带海区下沉后向赤道方向扩展的高盐水,它分布在表层之下,故称为大洋次表层水,具有大洋垂直方向上最高的盐度。从南半球副热带海面向下伸展的高盐水舌(水溢流时所形成的片状射流),在大西洋和太平洋,可越过赤道达 5°N 左右,相比之下,北半球的高盐水势力较弱。高盐核心值,南大西洋高达 37.2 以上,南太平洋达 36.0 以上。

在高盐次表层水以下,是由南、北半球中高纬度表层下沉的低盐水层,称为大洋(低盐)中层水。在南半球,它的源地是南极辐聚带,即在南纬 45°～60°围绕南极的南大洋海面。这里的低盐水下沉后,继而在 500～1500 m 的深度层中向赤道方向扩展,进入三大洋的次表层水之下。在大西洋可越过赤道达 20°N,在太平洋亦可达赤道附近,在印度洋则只限于 10°S 以南。在北半球下沉的低盐水,势力较弱。

在高盐次表层水与低盐中层水之间,等盐线特别密集,形成垂直方向上的盐度跃层,跃层中心(相当于 35.0 的等盐面)在 300～700 m 的深度上。在跃层中,盐度虽然随深度增加而降低,但温度也相应地降低,由于温度增密作用对盐度降密作用的补偿,其密度仍比次表层水大,所以能在次表层水下分布,同时盐度跃层也是稳定的。

上述南半球形成的低盐水,在印度洋中只限于 10°S 以南,这是因为源于红海、波斯湾的高盐水,下沉之后也在 600～1600 m 的水层中向南扩展,从而阻止了南极低盐中层水的北进。就其深度而言,与低盐中层水相当,因此又称其为高盐中层水。同样,在北大西洋,由于地中海高盐水溢出后,在相当于低盐中层水的深度上,分布范围相当广阔,东北方向可达爱尔兰,西南可到海地岛,为大西洋的高盐中层水。但在太平洋未发现像印度洋和大西洋中那样的高盐中层水。

在低盐中层水之下,充满了在高纬海区下沉形成的深层水与底层水,盐度稍有升高。世界大洋的底层水主要源地是南极陆架上的威德尔海盆,其盐度在 34.7 上下,由于温度低、密度最大,故能稳定地盘踞于大洋底部。大洋深层水形成于大西洋北部海区表层以下,由于受北大西洋洋流影响,其盐度稍高于底层水,它位于底层水之上,向南扩展,进入南大洋后,继而被带入其他大洋。

海水盐度随深度呈层状分布的根本原因是,大洋表层以下的海水都是从不同海区表层辐聚下沉而来的,由于其源地的盐度性质各异,因而必然将其带入各深层中,并凭借其密度的大小在不同深度上呈水平散布,同时也受到大洋环流的制约。

由于海水在不同纬度带的海面下沉,这就使盐度的垂直向分布,在不同气候带海域内形成了迥然不同的特点。在赤道附近热带海域,表层为深度不大、盐度较低的均匀层,在其下 100～200 m 层,出现盐度的最大值,再向下盐度复又急剧降低,至 800～1000 m 层出现盐度最小值;然后,又缓慢升高,至 2000 m 深,垂直向变化已十分小了。在副热带中、低纬海域,由于表层高盐水在此下沉,形成了一厚度为 400～500 m 的高盐水层,再向下,盐度迅速减小,最小值出现在 600～1000 m 水层中,继而又随深度的增加而增大,至 2000 m 以深,变化则甚小,直至海底。在高纬寒带海域,表层盐度很低,但随深度的增大而递升,至 2000 m 以深,其分布与中、低纬度相似,所以没有盐度最小值层出现。寒带、温带和热带海水的温度、盐度和密度随深度的变化如图 5.3 所示。

5.2.3　大洋盐度的周期变化

1. 盐度的日变化

大洋表面盐度的日变化很小,其变幅通常小于 0.05。但在下层,因为受内波(流体运动中最大振幅在流体内的波动)的影响,日变幅常有大于表层者。特别是在浅海,由于季节性跃层的深度较小,内波引起的盐度变幅增大现象,可出现在更浅的水层,可达 1.0 甚至更大。盐度日变化没有水温日变化那样有规律的周期性,但在近岸受潮流影响大的海区,也常常显示出潮流的变化周期。

2. 盐度的年变化

大洋盐度的年变化主要受降水、蒸发、径流、结冰、融冰及大洋环流等因素所制约。由于上述因子都具有年变化的周期性,故盐度也相应地出现年周期变化。由于上述因子在不同海域所起的作用和相对重要性不同,所以各海区盐度变化的特征也不相同。例如,在白令海峡和鄂霍茨克海等极地海域,由于春季融冰,表层盐度出现

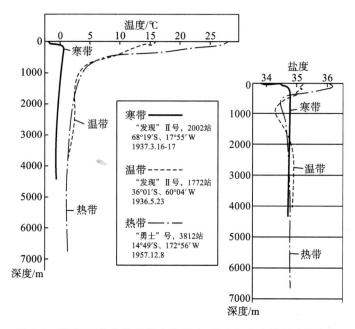

图 5.3　寒带、温带和热带海水的温度、盐度和密度随深度的变化

最低值(约在 4 月份前后);冬季季风引起强烈蒸发以及结冰排出盐分,使表层盐度达一年中的最高值(12 月份前后),其变幅达 1.05。在一些降水和大陆径流集中的海域,夏季的盐度常常为一年中的最低值,而冬季则相反,由于蒸发的加强,盐度出现最高值。总之,盐度的年变化,在世界大洋中几乎无普遍规律可循,只能对具体海域进行具体分析。图 5.4 所示为 8 月份世界海水盐度分布图。

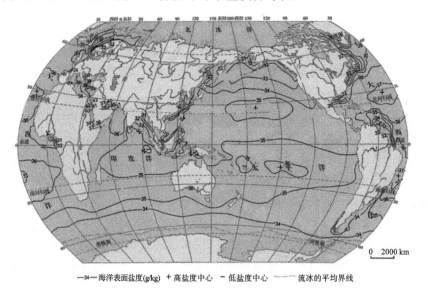

——34——海洋表面盐度(g/kg)　+高盐度中心　-低盐度中心　⌇⌇⌇流冰的平均界线

图 5.4　8 月份世界海水盐度分布图

5.2.4　盐度分布的影响因素

海水盐度因海域所处位置不同而有差异,主要受气候与大陆的影响。在外海或大洋,影响盐度的因素主要有降水、蒸发等;在近岸地区,盐度则主要受河川径流的影响。从低纬度到高纬度,海水盐度的高低主要取决于蒸发量和降水量之差。蒸发使海水浓缩,降水使海水稀释。有河流注入的海区,海水盐度一般比较低。

5.2.5　我国近海盐度分布特征

我国近海的沿岸地区,为江河径流所形成的低盐水系,外海则为黑潮及其分支所带来的高盐水系,这两大水系的消长运动构成了我国近海盐度的空间分布。所谓黑潮,是太平洋洋流的一环,为全球第二大洋流。黑潮自菲律宾开始,穿过我国台湾东部海域,沿着日本往东北向流,最后汇入太平洋洋流。黑潮比其他正常海水颜色要深,这是由于黑潮内所含的杂质和营养盐较少,阳光透入后较少被反射。

近岸地区,尤其是河口附近盐度变化剧烈,水平梯度大,在垂直方向上产生很强的盐跃层。外海的盐度变化缓慢,水平梯度小,盐跃层弱。

我国近海的盐度分布与变化存在着显著的季节性:夏半年为降盐期;冬半年为增盐期。

1. 盐度的水平分布

近岸低,外海高,河口地区最低,黑潮区最高,这是中国近海表层盐度水平分布的总趋势。冬季因天气寒冷干燥,风强、蒸发量大,降水及河川径流量小,表层盐度普遍增高。在渤海、黄海、东海及南海东北部等盐线分布与同期表层温度的分布趋势相似,受海流的影响较大。黄海、东海北部、台湾暖流区、黑潮区以及南海东北部,各自都有明显的高盐水舌。水舌的位置大致与高温水舌的位置相当,与海流流向一致。此现象尤以黄海最明显。夏季天气炎热潮湿,蒸发量少,降水量大,正值江河汛期,表层盐度普遍都比冬季低。特别在河口地区,表层盐度特低,并有低盐水舌由岸向外冲溢。除黑潮区域外,海流、水团(有确定来源,占据一定空间,理化性质具有规律变化的水体)的分布对表层盐度的影响已不如冬季那么明显。

渤海盐度最低,表层盐度年平均值为 29.0~30.0。渤海沿岸受沿岸水控制,中央及东部受外海水支配。冬季的等盐线分布趋势基本上与海岸平行,盐度由岸向外、自西向东递增。渤海海峡北部又高于南部,其中辽东湾为 29.0~30.0,渤海湾为 28.0~29.0,莱州湾为 27.0~28.0。夏季除表层盐度降低外,冲淡水的范围也扩大;渤海东部和中央盐度为 30.0,其余 3 个海湾的表层盐度均低于 29.0,尤其是黄河口附近,黄泛水的低盐水舌向渤海中央伸展,最低盐度在 24.0 以下。黄海因入海的大河较少,盐度的分布主要取决于黄海暖流高盐水的消长。除鸭绿江口附近表层盐度较低外(年平均值为 27.0~29.0),黄海盐度比渤海要高,年平均表层盐度为 30.0~32.0。冬季等盐线分布大致也与海岸平行,高盐水舌由南向北伸展,并向西伸至渤海海峡附近。北黄海表层盐度为29.0～31.0,南黄海东侧为31.0～32.0,西侧为30.0～31.0,中央为32.0～34.0。夏季除黄海北岸呈现为低盐区外,其他水域的盐度分布形势与冬季相似,但高盐水舌的控制范围比冬季要小。高盐水舌的位置也稍有不同,冬季偏西,夏季偏东,表明夏季黄海暖流在表层,并紧贴朝鲜半岛西岸北上;冬季黄海暖流的流向偏西。

东海的盐度分布主要取决于黑潮及其分支带来的高盐水及长江冲淡水的消长。除长江口、杭州湾及浙闽沿岸的盐度较低外,东海盐度比黄海、渤海均高。表层盐度年平均为32.0～34.0。冬季除东北部海域外,等盐线分布呈东北—西南走向。西部表层盐度在31.0以下。黑潮区在34.5以上。对马海流、黄海暖流区的高盐水舌分别指向东北和西北,西部沿岸水的低盐水舌(低于31.0)伸向东南,从而形成气旋式的切变分布。浙闽沿岸为低盐区。夏季在长江口附近有一很强的低盐水舌(盐度仅10.0)伸向东北,与东南部台湾暖流区、黑潮区的高盐水形成鲜明的对照。在长江径流最大的季节,长江口附近的最低盐度为5.0左右,以长江口到杭州湾为中心,形成一个半圆形的淡水区,如图5.5所示。某些洪水年份,长江冲淡水可伸至济州岛以西,遍布东海西北部并影响南黄海南部。但冲淡水仅浮置于5 m以内的表层,愈向东北,离岸愈远,低盐水舌的厚度也愈薄。台湾海峡地区的盐度分布趋势为东高西低和南高北低。冬季海峡西侧盐度为30.0～31.0,东南侧为33.0～34.0;夏季受南海季风漂流影响较大,盐度分布较均匀,为32.5～33.5。台湾以东海域终年高盐,表层盐度为34.0～34.5。

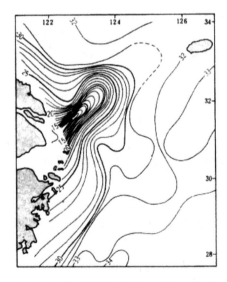

图5.5　长江口附近夏季表层盐度分布

南海除河口地区外,表层盐度年平均值为32.5～34.0。盐度分布地区差异小,分布较均匀。海区中央终年出现高盐。冬季东北季风使海水蒸发增强,加上太平洋高盐水经巴士、巴林塘海峡进入南海,使南海北部盐度升高,出现 34.0 的高盐水舌由东北向西南伸展,并在南伸过程中逐渐降盐。南海中部盐度为 33.2～33.6,南部为 32.0～33.0,广东沿岸为 30.0～32.0,北部湾为 32.0～33.0。夏季西南季风给南海带来雨季,降水量人于蒸发量,大陆径流增大,表层盐度普遍降低,尤以河口及南海南部浅水区降盐最甚。同时,西南季风漂流把南部低盐水输向北方,河口冲淡水向外扩展的势力也最强,使高盐的范围向海区中央退缩。因此,夏季南海表层盐度的分布趋势尽管仍然是北高(33.6～34.0)南低(32.0～33.0),但规律不如冬季那样明显。珠江口、湄公河口均有低盐水舌向外冲溢,洪水年份珠江口的最低盐度在 7.0 以下。

2. 盐度的垂直分布

表面盐度低,下层盐度高,盐度随深度的增加而增大,这是盐度垂直分布的总趋势。中国近海的大陆架区,盐度的垂直分布与温度的垂直分布有些类似,即盐跃层(盐度出现急剧变化或不连续剧变的阶跃状变化的水层)的形成、发展及消失过程与温跃层相同。但其强度较小,分布情况更复杂。

表层海水冬季密度增大,引起强烈的对流混合,除长江口、珠江口及鸭绿江口外,盐度的垂直分布与水温的垂直分布相同,上下均匀,垂直梯度几乎为零。上层盐度垂直均匀层出现的时间与温度一样,因为它们都是同一过程形成的。随着温度垂直梯度的形成,盐度垂直梯度也开始形成。在深水区,如东海的东南海域,上层盐度的垂直均匀层可达 200 m 左右,200～600 m 范围盐度随深度增加反而减少,600 m 以下盐度又上升。

夏季,表层海水被冲淡,盐度随深度而增大,其分布正好与夏季水温垂直分布趋势相反。通常,出现温跃层最强的时间,往往也是盐跃层最盛的时间;盐跃层的位置大体上同温跃层的位置相当,出现在 50 m 以内的水层,50 m 以下盐度垂直梯度较小。盐度的垂直梯度一般为每米 0.02～0.04。盐跃层最强发生在河口地区,如长江口,其表层和底层盐度相差达 20.0 左右。由于大陆径流影响极微,黑潮区的海流作用能使盐度垂直梯度减小而无明显的跃层。在两种水团交汇的区域,盐度的垂直分布常因二水团在不同层次互相楔插而形成"多变"或"双跃层"现象,但总趋势仍随深度而增大。

3. 盐度的周期变化

我国近海盐度的日变化颇为复杂。近岸地区主要由潮汐引起的盐度日变化比较规则,具有潮汐周期的特点:一日内有两峰两谷或一峰一谷的起伏,涨潮时增盐,落潮时降盐,最大值、最小值发生在潮流最弱时刻。外海的盐度日变化比较缓慢,日较差小,规律性差。因此,盐度日变化是近岸大,外海小;表层大,深层小。表层以下的某个水层,常出现比表层盐度日变化要大的短周期变化,此现象主要由内波引起,其变化周期大致与内波的周期相同。

从季节性来看:夏季日较差最大,为 0.3～0.4;春季次之;秋、冬季最小,为 0.2以下。就海区而言,东海西部沿岸日较差最大(最大为 4.0 左右),其次是南海北部沿岸,然后依次为渤海、黄海、东海外海及南海外海,台湾以东海域盐度日较差最小,为0.10以下。

表层盐度的季节变化也具有年周期特点,但影响盐度季节变化的因子不如影响水温季节变化的因子那样稳定,所以盐度季节变化规律性不像温度那样强,极值出现的时间也不固定。秋末到初春为增盐期,春末到初秋为降盐期,高盐期持续时间较低盐期持续时间长,近岸及河口地带盐度年较差大,如珠江口、长江口、杭州湾。外海盐度年较差小,如东海黑潮区。我国部分海区盐度的季节变换见表5.1。

表 5.1　我国部分海区盐度的季节变化表

区　域	最高盐度状况	最低盐度状况
渤海中央表层	2月,约31.2	8月,约29.0
黄海	2—4月,32.0～32.6	7—8月,30.6～31.4
东海黑潮区	1—2月,约34.7	8月,约33.7
浙闽沿岸	7—8月,约33.5	10月至翌年1月,23.7～31.5
台湾海峡北部	5月,约34.7	2月,约32.8
南海	1—3月,约34.5	9—10月,约33.5
珠江口	11月、2月,约30.7	6月,约7.0
长江口	1—2月,约22.7	6—7月,约11.5

由表5.1可以看出,盐度的季节变化趋势大致与水温相反,年内盐度的最高值、最低值出现时间,随海区、地点和层次而异。最高盐度出现的时间,从表层到底层基本上一致,但最低盐度最早在表层出现,随着深度的增加而推迟,底层出现最晚。盐度的季节变化大致可归纳为三种类型,即河口型、外海型和混合型。河口型受河川径流影响最大,盐度的年较差也最大,如长江口、珠江口等。外海型主要受高盐水控制,年较差较小,如黄海中央、东海黑潮区及南海海盆等。混合型主要取决于沿岸水和外海水的消长,既具有外海型的若干特点,也有某些河口型的性质,如浙闽沿岸与台湾暖流交汇处即属此类型。

5.3　盐　差　能

5.3.1　盐差能的概念

盐差能是指海水和淡水之间或两种含盐浓度不同的海水之间的化学电位差能,是以化学能形态出现的海洋能,主要存在于河海交接处。同时,淡水丰富地区的盐湖和地下盐矿也可以利用盐差能。盐差能是海洋能中能量密度最大的一种可再生能源。

5.3.2　盐差能的原理

在淡水与海水之间有着很大的渗透压力差,一般海水盐度为 35 时,它与河水之间的化学电位差相当于 240 m 水头差的能量密度,从理论上讲,如果能把这个压力差利用起来,从河流流入海中的每立方英尺的淡水可发 0.65 度电。一条流量为 1 m³/s 的河流的发电输出功率为 2340 kW。从原理上来说,这种水位差可以利用半透膜在盐水和淡水交接处实现。如果在这一过程中盐度不降低的话,产生的渗透压力足以将盐水水面提高 240 m,利用这一水位差就可以直接由水轮发电机提取能量。

5.3.3　盐差能发电技术

海洋盐差能发电的设想是 1939 年由美国人首先提出的。根据发电原理不同,又有多种方法。

1. 渗透压法

渗透压法主要运用渗透压,造成水体的流动,从而推动水轮机做功,进而带动发电机发电。盐差能发电原理如图 5.6 所示。

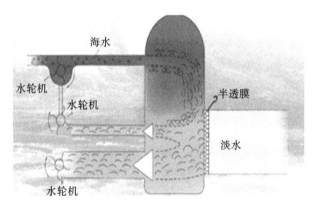

图 5.6　盐差能发电原理

下面介绍两种主要的渗透压式盐差能转换方法。

1) 水压塔渗透压系统

水压塔渗透压系统主要由水压塔、半透膜、海水泵、水轮发电机组等组成。其中水压塔与淡水间由半透膜隔开,而塔与海水之间通过水泵连通系统的工作过程如下:先由海水泵向水压塔内充入海水。同时,由于渗透压的作用,淡水从半透膜向水压塔内渗透,使水压塔内水位上升。当塔内水位上升到一定高度后,便从塔顶的水槽溢出,冲击水轮机旋转,带动发电机发电。为了使水压塔内的海水保持一定的盐度,必须用海水泵不断地向塔内打入海水,以实现系统连续工作。扣除海水泵等的动力消耗,水压塔渗透压系统的总效率约为 20%,如图 5.7 所示。

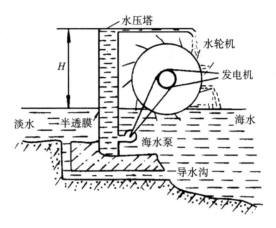

图 5.7　水压塔渗透压系统

2）强力渗压系统

如图 5.8 所示,强力渗压系统的能量转换方法是在河水与海水之间建两座水坝,分别称为前坝和后坝,并在两水坝之间挖一低于海平面约 200 m 的水库。前坝内安装水轮发电机组,使河水与低水库相连,而后坝底部则安装半透膜渗流器,使低水库与海水相通。系统的工作过程为,当河水通过水轮机流入低水库时,冲击水轮机旋转并带动发电机发电。同时,低水库的水通过半透膜流入海中,以保持低水库与河水之间的水位差。理论上这一水位差可以达到 240 m,但实际上要在比此压差小很多时,才能使淡水顺利地通过透水而不透盐的半透膜直接排入海中。此外,薄膜必须用大量海水不断地冲洗才能将渗透过薄膜的淡水带走,以保持膜在海水侧的水的盐度,使发电过程可以连续进行。

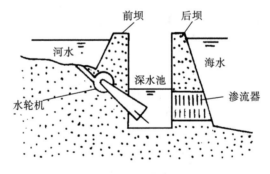

图 5.8　强力渗压系统

渗透压式盐差能发电系统的关键技术是膜技术和膜与海水界面间的流体交换技术。

2. 蒸汽压法

这种方法是根据淡水和海水具有不同蒸汽压力的原理研究出来的:在同样的温度下,淡水比海水蒸发得更快,所以淡水一边的气压要比海水一边的高得多,于是,在空室内,水蒸气会很快地从淡水上方流向海水上方,水蒸气带动涡轮,进行发电。

　　这种方法产生于 20 世纪初,法国工程师克劳德建造了一台利用深海冷水和表海热水的贮热池之间的蒸汽压差发电的装置。后来发现,如果用淡水间的蒸汽压差,将更具发展的可能性。

3. 反电渗析电池法

　　利用阴、阳离子交换膜选择性地透过 Cl^-、Na^+,在两电极板形成电势差,并在外部产生电流。利用反电解工艺(实际上是盐电池)来从海水中提取能量。浓差电池发电原理如图 5.9 所示,它采用阴离子和阳离子两种交换膜,只允许阳离子(主要是 Na^+)透过,阴离子交换膜只允许阴离子(主要是 Cl^-)通过。阳离子渗透膜和阴离子渗透膜交替放置,中间的间隔交替充以淡水和盐水。对于 NaCl 溶液,Na^+ 透过阳离子交换膜向阳极流动,Cl^- 透过阴离子交换膜向阴极流动,阳极隔室的电中性溶液通过阳极表面的氧化作用维持,阴极隔室的电中性溶液通过阴极表面的还原反应维持,电子通过外部电路从阳极传入阴极形成电流。当回路中接入外部负载时,这个电流和电压差可以产生电能。通常为了减少电极的腐蚀,把多个电池串联起来,可以形成更高的电压。

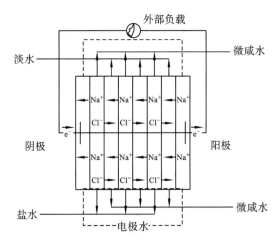

图 5.9　浓差电池发电原理

5.3.4　我国盐差能资源的特点

　　据估计,世界各河口区的盐差能达 3×10^9 kW,可能利用的有 2.6×10^9 kW。我国的盐差能资源主要集中在各大江河的入海处,同时,我国青海省等地还有不少内陆盐湖可以利用。我国海域辽阔,海岸线漫长,入海的江河众多,入海的径流量巨大,在沿岸各江河入海口附近蕴藏着丰富的盐差能资源。据统计,我国沿岸全部江河多年平均入海径流量为 $(1.7 \sim 1.8) \times 10^{12}$ m^3,各主要江河的年入海径流量为 $(1.5 \sim 1.6) \times 10^{12}$ m^3。据计算,我国沿岸盐差能资源蕴藏量约为 3.9×10^{15} kJ,理论功率约为 1.25×10^8 kW。

1. 地理分布不均

长江口及其以南的大江河口沿岸的盐差能资源量占全国总量的 92.5%,理论总功率达 1.156×10^8 kW,其中东海沿海占 69%,理论功率为 0.86×10^8 kW。沿海大城市附近资源最丰富,特别是上海和广东附近的资源量分别占全国的 59.2% 和 20%,地理分布极不均衡。

2. 资源量具有明显的季节变化和年际变化

一般汛期 4～5 个月的盐差能资源量占全年的 60% 以上,长江占 70% 以上,珠江占 75% 以上;山东半岛以北的江河冬季均有 1～3 个月的冰封期,不利于全年开发利用盐差能。

5.3.5　研究现状和发展前景

自 20 世纪 60 年代,特别是 70 年代中期以来,美国、日本、英国、法国、俄罗斯、加拿大和挪威等许多工业发达国家对海洋能的利用都非常重视,投入了相当多的人力和财力进行研究。在对诸项海洋能源的研究中,对盐差能的探索相对要晚一些,规模也不大。最早是 1973 年由以色列科学家洛布(Loeb)提出并展开实验工作,此后,美国、瑞典、日本等国相继开始了这方面的研究,并制成实验发电装置,我国于 1979 年也开始了这方面的研究。

Statkraft 公司从 1997 年开始研究盐差能利用装置,2003 年建成世界上第一个专门研究盐差能的实验室,2008 年设计并建设了一座功率为 2～4 kW 的盐差能发电站(图 5.10)。

图 5.10　Statkraft 公司的盐差能发电站

从全球情况来看,盐差能发电的研究都还处于不成熟的规模较小的实验室研究阶段,但随着能源需求越来越迫切和各国政府及科研力量的重视,盐差能发电的研究将会越来越深入,盐差能及其他海洋能的开发利用必将出现一个崭新的局面。

　　1981 年,我国研究者发表第一篇利用盐差能的科研论文,1985 年 7 月在西安采用半渗透膜研制出了一种利用干涸盐湖浓度差发电实验室装置,该装置的半透膜面积为 14 m^2,它能使溶剂(淡水)向溶液(浓盐水)渗透,溶液水柱升高 10 m,水轮发电机组电功率达到 0.9～1.2 W。总体上,我国对盐差能这种新能源的研究还处于实验室实验水平,离示范应用还有较长的距离。

第6章 海洋矿产资源

6.1 海洋矿产资源简介

人类社会的发展离不开对各种资源的开发和利用。在陆地资源逐渐枯竭的今天,人们把目光投向了海洋。本章主要介绍海洋矿产资源。海洋矿产资源又名海底矿产资源,它包括海滨、浅海、深海、大洋盆地和洋中脊底部的各类矿产资源,其中以海底油气资源、海底锰结核及海滨复合型砂矿的经济意义最大。

6.1.1 矿产资源的种类

用"聚宝盆"来形容海洋资源是再确切不过的。单就矿产资源来说,其种类之繁多,含量之丰富,令人咋舌。在地球上已发现的百余种元素中,有80余种在海洋中存在,其中可提取的有60余种,这些丰富的矿产资源以不同的形式存在于海洋中。

据估计,海水中含有的黄金可达550万吨,银5500万吨,钡27亿吨,铀40亿吨,锌70亿吨,钼137亿吨,锂2470亿吨,钙560万亿吨,镁1767万亿吨,等等。这些资源大都是国防、工农业生产及日常生活的必需品。

海水是宝,海洋矿砂也是宝。海洋矿砂主要有滨海矿砂和浅海矿砂。它们都是在水深不超过几十米的海滩和浅海中的由矿物富集而具有工业价值的矿砂,是开采最方便的矿藏。从这些砂子中可以淘出黄金,而且还能淘出比金子更有价值的金刚石,以及石英、独居石、钛铁矿、磷钇矿、金红石、磁铁矿等。所以海洋矿砂成为增加矿产储量的最大的潜在资源之一,愈来愈受到人们的重视。

这种矿砂主要分布在浅海部分,而在那深海海底处,更有着许多令人惊喜的发现:多金属结核就是其中最有经济价值的一种。它是1872—1876年英国一艘名为"挑战者"号考察船在北大西洋的深海底处首次发现的。

据估计,整个大洋底多金属结核的蕴藏量约3万亿吨,如果开采得当,它将是世界上一种取之不尽,用之不竭的宝贵资源。目前,锰多金属结核矿成为世界许多国家的开发热点。在海洋这一表层矿产中,还有许多沉积物软泥,这也是一种非同小可的矿产,含有丰富的金属元素和浮游生物残骸。例如,覆盖1亿多平方公里的海底红粘土中,富含铀、铁、锰、锌、钴、银、金等,具有较大的经济价值。

近年来,科学家们在大洋底发现了33处"热液矿床",是由海底热液成矿作用形成的块状硫化物多金属软泥及沉积物。这种热液矿床主要形成于洋中脊,海底裂谷带中,热液通过热泉、间歇泉或喷气孔从海底排出,遇水变冷,加上周围环境酸碱度的变化,使矿液中金属硫化物和铁锰氧化物沉淀,形成块状物质,堆积成矿丘。有的呈烟筒状,有的呈土堆状,有的呈地毯状,从数吨到数千吨不等,这又是一种极有开发前途的大洋矿产资源。

下面将按照矿产资源在海底的赋存位置,分别加以介绍。

1. 浅海矿产资源

浅海海底的矿产资源是指大陆架和部分大陆斜坡处的矿产资源,其矿种和成矿规律与陆地基本相似,但由于海水动力作用的加工,还形成一些独特的外生矿床。浅海矿产资源主要是石油、天然气和各类滨海砂矿,最近还发现一种极富发展前景的天然气水合物等。

1) 大陆架煤油气

世界许多近岸海底已开采煤铁矿藏。日本海底煤矿开采量占其总产量的 30%,智利、英国、加拿大、土耳其也有开采,我国的台湾橙基煤矿已在海底开采多年,辽宁某些煤矿以及山东龙口、蓬莱的一些煤层也伸至海底。

石油和天然气是遍及世界各大洲大陆架的矿产资源。据地质学家估计,全世界含油气远景的海洋沉积盆地约 7800 万平方公里,大体与陆地相当。据估计,世界石油极限储量 1 万亿吨,可采储量 3000 亿吨,其中海底石油 1350 亿吨;世界天然气储量 255~280 亿立方米,海洋储量占 140 亿立方米。近海海底已探明的石油可采储量为 220 亿吨,天然气储量 17 万亿立方米。主要分布于浅海陆架区,如波斯湾、委内瑞拉湾与马拉开波湖及帕里亚湾、北海、墨西哥湾及西非沿岸浅海区。大陆坡与大陆隆也具有良好的油气远景。石油是"工业的血液",然而目前全世界已开采石油 640 亿吨,其中的绝大部分产自陆地。世界石油分布如图 6.1 所示。

天然气是一种无色无味的气体,又称为沼气,成分主要是甲烷,由于含碳量极高,所以极易燃烧,放出大量热量。1000 立方米天然气的热量,可相当于两吨半煤燃烧放出的热量。因此,天然气的价值在海洋中仅次于石油而位居第二。油气的价值占海洋中已知矿产总产值的 70% 以上。

我国大陆架因受太平洋板块和欧亚板块挤压的影响,在中生代、新生代发育了一系列北东和东西向的断裂,形成许多沉积盆地。陆上许多河流(如古黄河、古长江等)挟带大量有机质泥沙流注入海,使这些盆地形成几千米厚的沉积物。构造运动使盆地岩石变形,形成断块和背斜。伴随构造运动而发生岩浆活动,产生大量热能,加速有机物质转化为石油,并在圈闭中聚集和保存,成为现今的陆架油田。中国海自北向南有渤海、北黄海、南黄海、东海、冲绳、台西、台西南、珠江口、琼东南、莺歌海、北部湾、管事滩北、中建岛西、巴拉望西北、礼乐太平、曾母暗沙-沙巴等 16 个以新生代沉积物为主的中生代、新生代沉积盆地,总面积达 130 多万平方公里。这些盆地面积之广、沉积物之厚、油气资源之多在世界上也是少见的。根据我国勘探成果预测,在渤海、黄海、东海及南海北部大陆架海域,石油资源量就达到 275.3 亿吨,天然气资源量达到 10.6 万亿立方米。我国石油资源的平均探明率为 38.9%,海洋仅为 12.3%,远

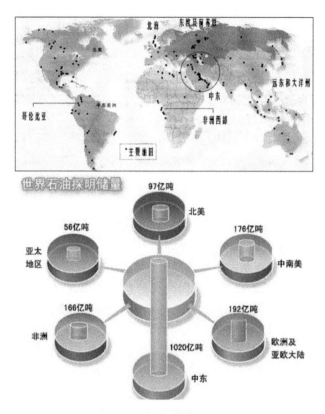

图 6.1　世界石油分布图

远低于世界平均 73％ 的探明率；我国天然气平均探明率为 23％，海洋为 10.9％，而世界平均探明率在 60.5％ 左右。我国海洋油气资源在勘探上整体处于早中期阶段。近年来，近海大陆架上的渤海、北部湾、珠江口、莺琼、南黄海、东海等六大沉积盆地，都发现了丰富的油气资源，我国近海油气田分布如图 6.2 所示。

　　由于发现丰富的海洋油气资源，我国有可能成为世界五大石油生产国之一。世界十大石油生产国如图 6.3 所示。

　　2）滨海砂矿

　　滨海砂矿是指在滨海水动力的分选作用下富集而成的有用砂矿，该类砂矿床规模大、品位高、埋藏浅，沉积疏松、易采易选。所谓滨海砂矿的范畴，由于地质历史上的海平面变动，它包含滨海和部分浅海的砂矿，主要包括建筑砂砾、工业用砂和矿物砂矿。

　　建筑砂、砾集料和工业用砂是当今取自近海最多和最重要的砂矿。随着陆上建筑集料和工业砂资源的开采殆尽和城市的持续扩大以及地价的不断增加，品质优于陆上的海洋建筑集料与工业砂原料势必变得更为重要。工业用砂据其质地而用于不同的方面，如铸造用砂和玻璃用砂等。

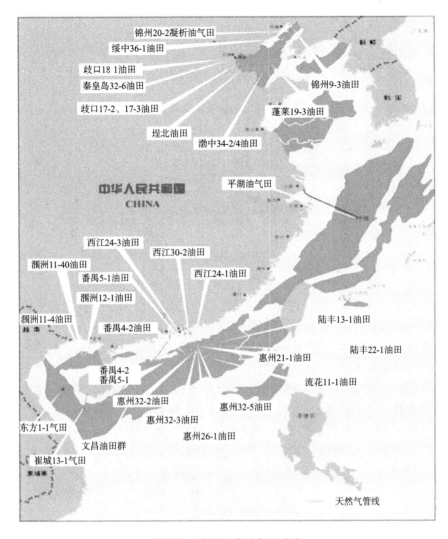

图 6.2　我国近海油气田分布

　　滨海砂矿种类很多,如金刚石、金、铂、锡石、铬铁矿、铁砂矿、锆石、钛铁矿、金红石、独居石等。这些滨海砂矿绝大多数属于海积型砂矿床,少部分属冲积型和残积型砂矿。

　　世界上现已开采利用 30 余种滨海砂矿,其资源量与开采量在世界矿产中都占有重要的位置。例如,世界金红石总资源量约 9435 万吨(钛含量),其中:砂矿占 98%;钛铁矿总资源量 2.46 亿吨(钛金属),砂矿占 50%;锆石已探明的资源量为 3175.2 万吨,96% 为滨海砂矿。滨海砂矿的开采量在世界同类矿产总产量中所占的百分比为:钛铁矿 30%,独居石 80%,金红石 98%,锆石 90%,锡石 70% 以上,金 5%～10%,金刚石 5.1%,铂 3% 等。

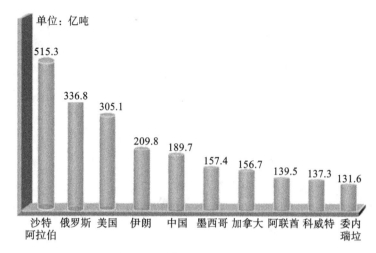

图6.3 世界十大石油生产国

滨海砂矿在浅海矿产资源中,其价值仅次于石油、天然气。

我国拥有漫长的海岸线和广阔的浅海,目前已探查出的砂矿矿种有锆石、钛铁矿、独居石、磷钇矿、金红石、磁铁矿、砂锡矿、铬铁矿、铌钽铁矿、砂金和石英砂等,并发现有金刚石和铂矿等。我国滨海砂矿的矿种几乎覆盖了黑色金属、有色金属、稀有金属和非金属等各类砂矿,其中以钛铁矿、锆石、独居石、石英砂等规模最大,资源量最丰。

因经受多次地壳运动,我国大陆东部岩浆活动频繁,为形成各种金属和非金属矿床创造了有利条件,钨、锡、铜、铁、金和金刚石等很丰富。在大面积分布的岩浆岩、变质岩和火山岩中,也含有各种重矿物。现已发现有钛、锆、铍、钨、锡、金、硅和其他稀有金属,分布在辽东半岛、山东半岛、福建、广东、海南和广西沿海以及台湾周围,台湾和海南岛尤为丰富,主要有锆石-钛铁矿-独居石-金红石砂矿、钛铁矿-锆石砂矿、独居石-磷钇矿、铁砂矿、锡石砂矿、砂金矿和沙砾等。

台湾是我国重要的砂矿产地,盛产磁铁矿、钛铁矿、金红石、锆石和独居石等。磁铁矿主要分布在台湾北部海滨,以台东和秀姑峦溪河口间最集中。北部和西北部海滩年产铁矿砂约1万吨。在西南海滨,独水溪与台南间的海滩上分布着8条大砂堤,最大的长5公里,为独居石-锆石砂矿区,已采出独居石3万多吨,锆石5万多吨,南统山洲砂堤的重矿物储量在4.6万吨以上,嘉义至台南的海滨又发现5万吨规模的独居石砂矿。海南岛沿岸有金红石、独居石、锆英石等多种矿物。

福建沿海砂矿也十分丰富。锆石主要分布在诏安、厦门、东山、漳浦、惠安、晋江、平潭和长乐等地。独居石以长乐品位最高。金红石主要分布在东山岛、漳浦、长乐等地。诏安、厦门、东山、长乐等地均有铁钛砂。铁砂分布很广,以福鼎、霞浦、福清、江阴岛、南日岛、惠安和龙海目屿岛等最集中。至于玻璃砂和型砂,不仅分布广,质量好,而且含硅率高。平潭的石英砂含硅率达98%以上。辽东半岛发现有砂金和锆英石等矿物,大连地区探明一个全国储量最大的金刚石矿田,山东半岛也发现有砂金、玻璃石英、锆英石等矿物,广东沿岸有独居石、铌钽铁砂、锡石和磷钇等矿。

有些滨海砂矿已向大陆架延伸,如辽宁的大型铜矿(已从陆地开采到海底)、山东的金矿。

3) 天然气水合物

天然气水合物是在一定的温度、压力条件下,由天然气与水分子结合形成的外观似冰的白色或浅灰色固态结晶物质,外貌极似冰雪,点火即可燃烧,故又称为可燃冰、气冰、固体瓦斯,因其成分的 80%～99.9% 为甲烷,故又被称为甲烷天然气水合物。

天然气水合物的能量密度高,杂质少,燃烧后几乎无污染,矿层厚,规模大,分布广,资源丰富。据估计,全球天然气水合物的储量是现有石油和天然气储量的两倍。在 20 世纪,日本、苏联、美国均已发现大面积的天然气水合物分布区。我国也在南海和东海发现了天然气水合物。据测算,仅我国南海的天然气水合物资源量就达 700 亿吨油当量,约相当于我国目前陆地上石油、天然气资源量总和的 1/2。在世界石油、天然气资源逐渐枯竭的情况下,天然气水合物的发现为人类带来了新的希望。本书将在后面的章节对此进行详细介绍。

2. 深海矿产资源

所谓深海,一般是指大陆架或大陆边缘以外的海域。深海占海洋面积的 92.4% 和地球面积的 65.4%,深海蕴藏着丰富的海底矿产资源,它是支持人类生存的又一类重要资源。由于开发难度大,目前基本上还未进行开发。扩大人类生存空间和储备人类生存资源的重要途径之一就是要向深海拓展,发现包括海底矿产在内的深海资源,这对于整个人类的生存是一项具有深远意义的战略行动。

深海矿产资源主要包括多金属结核矿、富钴结壳矿、深海磷钙土和海底多金属硫化物矿等。深海矿产资源的矿区基本上位于国际海域的海底,它的开发活动必须经过联合国海底管理局的同意和批准方可生效与合法。

1) 多金属结核矿

多金属结核矿是一种富含铁、锰、铜、钴、镍和钼等金属的大洋海底自生沉积物,呈结核状,主要分布在水深 4000～6000 m 的大洋底表沉淀物上,是棕黑色的,像马铃薯、姜块一样的坚硬物质。其个体大小不等,直径从几毫米到几十厘米,一般为 3～6 cm,少数可达 1 m 以上;重量从几克到几百、几千克,甚至几百千克。分析表明,结核矿石内含有多达 70 余种元素,包括工业上所需要的铜、钴、镍、锰、铁等金属,其中 Ni、Co、Cu、Mn 的平均含量分别为 1.30%、0.22%、1.00% 和 25.00%,总储量分别高出陆地相应储量的几十倍到几千倍,铁的品位可达 30% 左右,有些稀有分散元素和放射性元素的含量也很高,如铍、铈、锗、铌、铀、镭和钍的浓度要比海水中的浓度高出几千、几万乃至百万倍。多金属结核矿具有很高的经济价值,是一种重要的深海矿产资源。

目前,通过深海勘测,发现多金属结核在太平洋、大西洋、印度洋的许多海区均有分布,其中太平洋分布最广,储量最大,并呈带状分布,拥有东北太平洋海盆、中太平洋海盆、南太平洋海盆、东南太平洋海盆等四个分区,其中位于东北太平洋海盆内克拉里昂、克里帕顿断裂之间的地区(简称 CC 区)是多金属结核经济价值最高的区域。世界深海多金属结核资源极为丰富,远景储量约 3 万亿吨,仅太平洋的蕴藏量就达1.5 万亿吨。我国科学家估计太平洋海域可采区面积约 425 万平方公里,资源总量为 425 亿吨。其中,含金属锰 86 亿吨,铜 3 亿吨,钴 0.6 亿吨,镍 3.9 亿吨,表明多金属结核的经济价值确实巨大。多金属结核矿每年还以 1000 万～1500 万吨的速度不断增加。无疑,这些丰富的有用金属将是人类未来可利用的接替资源。世界大洋海底锰结核和石油分布如图 6.4 所示。

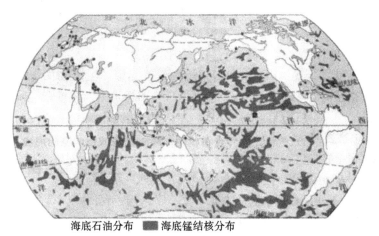

海底石油分布　■ 海底锰结核分布

图 6.4　世界大洋海底锰结核和石油分布

　　现在世界上已有七个国家或集团获得联合国的批准(印度、俄罗斯、法国、日本、中国、国际海洋金属联合组织、韩国),拥有合法的开辟区(Pioneer Area),除印度以外的其他先驱投资国所申请的矿区均在太平洋 CC 区。

　　我国是联合国批准的世界上第五个深海采矿先驱投资者,负责多金属结核调查的机构是中国大洋协会,在太平洋 CC 区内申请到 30 万平方公里区域开展勘查工作,经过“七五”、“八五”、“九五”期间的努力,到 1999 年 10 月,按规定放弃 50% 区域后,获得了保留矿区 7.5 万平方公里,我国对该区拥有详细勘探权和开采权。经计算,获得约 4.2 亿吨多金属结核矿资源量,含 1.11 亿吨锰、406 万吨铜、98 万吨钴和514 万吨镍的资源量,可满足年产 300 万吨多金属结核矿开采 20 年的资源需求。

　　2) 富钴结壳矿

　　富钴结壳矿是生长在海底岩石或岩屑表面的一种结壳状自生沉积物,主要由铁锰氧化物组成,富含锰、铜、铅、锌、镍、钴、铂及稀土元素,其中钴的平均品位高达0.8%～1.0%,是大洋锰结核中钴含量的 4 倍。金属壳厚 1～6 cm,平均 2 cm,最大厚度可达 20 cm。结壳主要分布在水深 800～3000 m 的海山、海台及海岭的顶部或上部斜坡上,如图 6.5 所示。

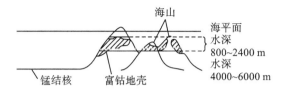

图 6.5　锰结核和富钴地壳示意图

由于富钴结壳资源量大,潜在经济价值高,产出部位相对较浅,且其矿区分布大多落在 200 海里的专属经济区范围之内,所以联合国海洋法公约规定,沿海国家拥有开采权,在深海诸矿种之中它是法律上争议最少的一种矿种,因而它是当前世界各国大洋勘探开发的重点矿种。自 20 世纪以来,富钴结壳矿已引起世界各国的关注,德、美、日、俄等国纷纷投入巨资开展富钴结壳资源的勘查研究。目前工作比较多的地区是太平洋区的中太平洋山群、夏威夷海岭、莱恩海岭、天皇海岭、马绍尔海岭、马克萨斯海台以及南极海岭等。据估计,在太平洋地区专属经济区内,富钴结壳的潜在资源总量不少于 10 亿吨,钴资源量有 600 万～800 万吨,镍 400 多万吨。在太平洋地区国际海域内,经俄罗斯对麦哲伦海山区开展调查,亦发现了富钴结壳矿床,资源量亦已达数亿吨,还有近 2 亿吨优质磷块岩矿床与其共生。

我国南海发现了富钴结壳,所发现的富钴结壳钴含量一般比大洋锰结核高出三倍左右,而镍是锰结核的 1/3,铜含量比较低,铂的含量很高,具有工业利用价值。

近年来,我国大洋协会又在太平洋深水海域进行面积近 10 万平方公里的富钴结壳靶区的调查评价,其中有可能寻找到有商业开发潜力的区域,为华夏子孙在此领域里争占一席之地。

3) 海底多金属硫化物矿床

海底多金属硫化物矿床是指海底热液作用下形成的富含铜、锰、锌等金属的火山沉积矿床,极具开采价值。按产出形状可分为两类:一类呈松散状含金属沉积物,如红海的含金属沉积物(金属软泥);另一类是固结的坚硬块状硫化物,与洋脊"黑烟筒"热液喷溢沉积作用有关,如东太平洋洋脊的块状硫化物。按化学成分可分为四类:第一类富含镉、铜和银,产于东太平洋加拉帕戈斯海岭;第二类富含银和锌,产于胡安德富卡海岭和瓜亚马斯海盆;第三类富含铜和锌;第四类富含锌和金,与第三类同时产出。多金属硫化物也见于我国东海冲绳海槽轴部。海底多金属硫化物矿床与大洋锰结核或富钴结壳相比,具有水深较浅(从几百米到两千米)、矿体富集度大、矿化过程快、易于开采和冶炼等特点。

海底多金属硫化物主要产于海底扩张中心地带,即大洋中脊、弧后盆地和岛弧地区。如东太平洋海隆、大西洋中脊、印度洋中脊、红海、北裴济海、马利亚纳海盆等地都有不同类型的热液多金属硫化物分布。富含金属的高温热水从海底喷出,在喷口四周沉淀出多金属氧化物和硫化物,堆砌成平台、小丘或烟囱状沉积柱。世界已有

70 多处发现有热液多金属硫化物产出,在东海冲绳海槽地区已发现 7 处热液多金属硫化物喷出场所。目前我国主要对海底热液多金属硫化物矿进行了实验性勘查。图6.6 为海底热液矿床示意图。

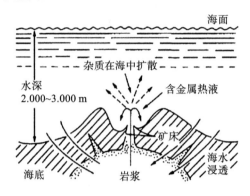

图 6.6　海底热液矿床示意图

4)磷钙土矿

磷钙土是由磷灰石组成的海底自生沉积物,按产地可分为大陆边缘磷钙土和大洋磷钙土。它们呈层状、板状、贝壳状、团块状、结核状和碎砾状产出。大陆边缘磷钙土主要分布在水深十几米到数百米的大陆架外侧或大陆坡上的浅海区,主要产地有非洲西南沿岸、秘鲁和智利西岸;大洋磷钙土主要产于太平洋海山区,往往和富钴结壳伴生。磷钙土生长年代为晚白垩世到全新世,太平洋海区磷钙土含有 15%～20%的 P_2O_5,是磷的重要来源之一。另外,磷钙土常伴有高含量的铀和稀土金属铈、镧等。据推算,海区磷钙土资源量有 3000 亿吨。

人类对大洋多金属结核、富钴结壳、海底多金属硫化物及磷钙土的大规模开发利用估计到 2020 年左右才能实现。随着人类新需求的出现和科学技术的进步,随着我们对深海的不断探索,还会在深海海底发现更多新的矿产、新的资源。

6.1.2　海洋矿产资源的战略意义

海洋是世界贸易的主要通道,是潜力巨大的资源宝库,是人类生存和发展的战略空间,是全球气候与环境的重要调节器,也是国际竞争与合作的重要舞台。开发和利用海洋,发展海洋经济和海洋事业,对全球经济发展和社会进步,对我国改革开放和现代化建设具有十分重要的战略意义。

合理开发利用海洋资源是世界可持续发展的战略选择。第二次世界大战后,尤其是 20 世纪 70 年代以来,世界科技和经济迅猛发展,人口扩张、资源短缺和环境恶化的矛盾日益突出,海洋资源利用的潜力更加引起重视,海洋的价值更为明显。例如,未完全探明的海底世界,蕴藏着大量生物、能源和矿产资源;海水的综合利用和淡化,有助于缓解沿海地区淡水资源紧缺的矛盾;海水中氢元素的提取和应用,可以为核聚变与燃料电池开发提供取之不尽的基础原料;天然气水合物的开发,很可能成为继煤炭、油气之后的新一代能源;大洋多金属结核的勘探开发,将为增加全球接替战略资源开辟新的领域;海洋生物资源的开拓和挖掘,可能是解决人类食品问题的一条重要途径;深海生物基因的研发与利用,也有可能引发一场前所未有的生物革命等。加大海洋资源开发利用力度,已经成为全球可持续发展的战略性抉择。

6.2　海洋矿产资源的获取技术

6.2.1　采矿技术

开采几千米水深下的矿产资源,并非易事。目前,已出现了一些海底采矿装置,就其作业方式来看可分为连续链斗式采矿系统、流体输送法采矿系统和海底自动采矿系统。

1. 连续链斗式采矿系统

连续链斗式采矿系统是采矿船通过绞车滑轮使固定在长 1500 m 尼龙绳链上的铲斗,在海底循环翻转,铲斗出水后将采集的矿石卸到船上。链斗式采矿戽斗是固定在高强度的聚丙二酯材料编成的绳上,每隔 25~50 m 安装一个,每个戽斗大约可采到 1.5~2 吨矿石,这种采矿方法是由日本科学家发明的。连续链斗式采矿系统操作简单,制造成本低,对海浪和海底地形有良好的适应性;但是,这种采矿系统由于铲斗易空载运转,采矿效率较低,残留矿石较多,同时,受绳链材料的限制,不能长期连续进行采矿作业。

2. 流体输送法采矿系统

流体输送法采矿系统是由高压气泵、采矿管、集矿装置等部分组成,其基本原理是,向采矿管内注入压缩空气,使管内外产生压力差,在这种压力差的作用下,将矿石提升到采矿船上,这种采矿系统于 1970 年试验成功,在 5000 m 的水深处,能达到日产 300 吨锰结核的采矿能力。

3. 海底自动采矿系统

这种自动海底采矿技术采用了遥控潜水器,可在海底自行采矿,自行上浮,并可将采集的矿石卸到海上半潜式采矿平台上,也有人称这是水下机器人采矿技术。目前,美国、法国、芬兰等国已经推出这种海底自动采矿技术的样机。海底自动采矿是一种较为理想的有发展前途的采矿技术,代表了深海采矿技术的发展方向。

6.2.2　矿物加工技术

从锰结核中分离铜、镍、钴、锰等金属的方法主要有湿法和火法两大类。采用湿法时,铜、镍等金属在溶液中经过浸滤,然后通过渗碳、溶解萃取、电解而获得;采用火法技术处理时,铜、镍等金属富集在一种垫层上,通过加压浸滤而形成含金属的溶液,同时产生锰矿渣,然后从中离析锰。当前世界上主要采用的锰结核加工技术主要有盐酸浸出法和一氧化碳还原浸出法两种。

1. 盐酸浸出法

盐酸浸出法是目前研究最广泛的一种方法。根据试验,高温盐酸浸出金属回收率较高,但此法对设备的要求比较严格,且酸的用量大。据报道,日本公害研究所从1984年开始进一步研究盐酸浸出法处理锰结核的新方法,改进后的新方法可浸出铜、镍、钴、锰,剩余的残渣大约占锰结核的 20%。今后对锰结核加工处理技术的研究将着重于改进工艺,提高金属回收率,降低加工成本,以实现工业化生产。

2. 一氧化碳还原浸出法

一氧化碳还原浸出(氨浸)法的设备容易解决,试剂容易回收,也被认为是较有发展前途的方法。该方法的缺点是需预先干燥处理矿石,故能量消耗大,氨用量也大。目前,肯尼科特财团和国际镍公司等若干国际财团,已建成了数座锰结核加工处理中试工厂,日处理锰结核的能力为 1.5~50 吨。

除上述两种方法外,从海水中提取贵金属的方法还有吸附法、浮选法、超导磁分离法、综合法、生物法等。有些方法已成功用于海水提铀、提锂。

6.2.3　海洋油气开发技术

发达国家海洋油气开发是主导的海洋产业,其产值占海洋总产值的一半。海洋油气开发包括勘探、钻井和开采三个阶段。海洋油气开发是在三维地震勘探技术的基础上,加上第四维量,用四个震源、四条接收电缆,把多维成像数值模拟技术应用于油藏分析,提高钻探成功率。

海底石油的开采过程包括钻生产井、采油气、集中、处理、贮存及输送等环节。海上石油生产与陆地上石油生产所不同的是要求海上油气生产设备体积小、重量轻、高效可靠、自动化程度高、布置集中紧凑。一个全海式的生产处理系统包括油气计量、油气分离稳定、原油和天然气净化处理、轻质油回收、污水处理、注水和注气、机械采油、天然气压缩、火炬、贮油及外输系统等。

供海上钻生产井和开采油气的工程措施主要有如下几种。①人工岛:多用于近岸浅水中,较经济。②固定式采油气平台:其形式有桩式平台(如导管架平台)、拉索塔式平台、重力式平台(钢筋混凝土重力式平台、钢筋混凝土结构混合的重力式平台)。③浮式采油气平台:其形式又分两种,一是可迁移式平台(又称活动式平台),如坐底式平台(也称沉浮式平台)、自升式平台、半潜式平台和船式平台(即钻井船);二是不迁移的浮式平台,如张力式平台、铰接式平台。④海底采油装置:采用钻水下井口的办法,将井口安装在海底,开采出的油气用管线直接送往陆上或输入海底集油气设施。

供开采生产的油气集中、处理、转输、贮存和外运的工程设施如下:①装有集油气、处理、计量以及动力和压缩设备的平台;②贮油设施,包括海上储油池、储油罐和储油船;③海底输油气管线;④油气外运码头,包括单点系泊装置和常规的海上码头

（有固定式和浮式两种）。海上钻井平台如图 6.7 所示。

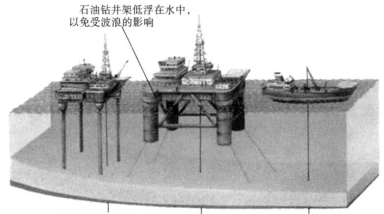

石油钻井架低浮在水中，
以免受波浪的影响

在浅水区采用自升
式钻井架，它的支撑
腿延伸到海底

在海水较深区采用张力腿
钻井架，它虽然漂浮在海面，
但有锚链固定在海底

在深水区用船进行作业，
石油钻井通过船体上的洞
孔下伸

图 6.7　海上钻井平台

我国自改革开放以来，与国际合作，引进资金、技术，使油气勘探、生产、储运技术紧跟世界水平发展。1997 年已探明 30 亿吨储量，海洋石油总公司生产油 1600 万吨，气 26 亿立方米。为适应我国地质复杂，极浅海油田和储量小的边际油田较多，气田的压力大（超过一般情况 1～2 倍）的特点，开发了独特的油气开发技术。如简易可重复使用的生产设施、耐高压的气井等。"863"计划中开发水下多相流采集运输技术、超深高温高压气井勘探开采等技术。

6.3　海洋矿产资源的开发利用现状

大洋海底矿产资源的研究与开发是世界各国充分展示综合实力、争取海洋权益、发展高新技术和开展外交与合作的综合性活动。在《联合国海洋法公约》的框架内，在"全人类共同继承财产"的原则下，着眼于政治与法律、资源与环境、科技与人才等诸方面，了解和分析海底矿产资源研究的动态，把握其发展方向，将有助于在今后的工作中合理布局、突出重点、争取主动。

6.3.1　海底矿产资源的研究

世界各国围绕大洋海底矿产资源的调查研究工作均投入了巨资并展开了新一轮竞争。一方面，针对具有开采前景的矿产资源，集中了更多的人力、物力，加大了勘察力度；另一方面，则以系统论指导下的海底成矿作用研究取代了就矿论矿的传统矿床学研究。20 世纪 90 年代以来，国际上与矿产资源有关的重大基础研究项目均以成矿作用的关键科学问题作为研究目标，突破了单纯局限于特定矿种的研究。典型地质单元的建模与证伪是当今基础理论研究的主流趋势。一方面,将成矿作用研究纳入事件地质学的研究范畴之中,借助不同的资源类型提取地球"呼吸"与沧海巨变的信息,以构筑海洋系统和地球系统的整体像。另一方面,海洋系统和地球系统整体像的建立,对于认识成矿作用发生的时代、机制及其空间展布规律具有重要的指导意义。

海底成矿系统是不可逆的自然演化系统,地球深部动力过程、海水循环和生物活动相互作用,通过成矿—保存—改造的交替进行,形成不同类型的矿产资源。海底成矿系统又是一个非平衡的开放系统,与外界的物质和能量的交换促使不同类型的资源在成因上具有内在联系,在空间和时间的分布上具有一定的规律性。海底成矿系统研究与传统矿床学研究的最显著差异在于时间和空间尺度不同,因而我们要加强海底成矿系统与整个海洋系统及其子系统的耦合作用研究。

近年来,对包括海水在内的流体流在洋壳(沉积物)中的循环过程研究取得了长足进展。循环过程是成矿物质自相干运动和自组织运动的物质能量和信息载体。流体流的循环不仅可由大洋中的海流—下降流—底层流—上升流构成,在深部热能的作用下,海底岩石和沉积物当中也存在着流体流的循环。流体流循环系统在生物作用的参与下,通过溶解作用和沉淀作用维持自身化学性质的时间和空间的有序结构,同时也实现成矿物质在岩石圈、沉积物和水体中的自组织过程。海底成矿作用是成矿物质的自组织过程的表现形式,具有典型的耗散结构,其向下分支过程维持着成矿作用的继续,向上分支过程则反作用于相干系统和整个海洋系统。1997 年,日本在劳海盆利用深海 6500 深潜器和阿尔文号深潜器设置了水温计、流速计、地震仪、激光拉曼光谱仪、细菌密度测定仪和电化学成分分析仪等 32 种连续观测装置,监测热液活动的时间变化。多次观测结果表明,热液活动的强度、温度和化学成分变化频繁,时间演化特征十分明显。2011 年 7 月,在东太平洋多金属合同区内,"海洋六号"船较好地执行了"蛟龙"号 5000 m 级海试,提供了海试必需的海水、海流的温度、盐度、密度等水文基础资料。2012 年 7 月,"蛟龙"号完成了 7000 m 下潜任务,它具有深海探矿、海底高精度地形测量等强大功能,标志着中国资源勘探能力达到国际领先水平。在海域作业的"海洋六号"船如图 6.8 所示。

图 6.8　在海域作业的"海洋六号"船

深海微生物是近来研究的热点。因为这种微生物中的大部分(90%)难以人工培养,所以此前的研究并未取得重大进展,近年来 DNA 提取技术的引入为该项研究注入了生机。洋壳内流体流循环与深海微生物生物多样性之间的内在关联,以及生物化学作用与层圈间物质交换的关系研究,将促进海底成矿系统研究的发展。

成矿、保存、改造作用在海底成矿系统研究中占有同等重要的位置,保存和改造作用的研究正日益受到重视。如前所述,海底矿床与流体流循环和生物作用密切相关,因此海洋环境的时空演化也会影响矿床的赋存状态,例如,热水硫化物在富氧水体或者微生物氧化作用下会发生分解。这种保存和改造作用的起因是海洋环境的演化,但元素的活化、运移和再沉淀同时也会反作用于海洋系统的化学平衡。

6.3.2　我国海洋矿产资源开发利用面临的主要问题

我国海洋矿产资源的开发起步较晚,从总体来看,技术仍然比较落后,与发达国家相比,存在着一定的差距。但在某些种类资源的开发方面,大有后来者居上的势头。目前我国海洋矿产资源开发利用所面临的主要问题可以归纳如下。

1. 公民资源意识淡薄,资源开发使用不当,使资源浪费,环境遭到破坏

20 世纪 80 年代以来,由于我国基本建设速度加快,河砂的短缺使得人们非法从海岸线挖砂。据测算,近 15 年来从我国海岸挖砂约为 4.5 亿吨,平均每公里海岸线取砂 2.5 万吨(事实上可能远远不止这个数字)。有些地方的企业还做起了海砂的生意,他们把海砂大量出售到韩国和日本。绝大部分海砂资源未经研究就直接将其当做普通建筑材料砂使用或买卖,此举不仅仅是高价值资源低价出售的问题,而且还造成了国有资源的浪费,使国家利益蒙受损失。同时,大量开采海砂还会破坏海岸环境,带来海水侵蚀海岸等严重后果。

2. 技术落后,生产效率低

世界上发达国家在滨海砂矿开发和选矿技术上基本实现了机械化和自动化,且水上水下均可以进行开采,如日本多用抓斗式和吸扬式挖泥船,功率大,效率高,砂矿回收率高,而我国滨海砂矿仍限于露天开采,水下采矿尚少,且大多为集体和个体采用土法采选为主,机械化甚至半机械化生产还没有普及。近年来,选矿技术有所提高,采用浮选磁选和电选等方法进行精选,总回收率可达 40% 到 50%,但总体来看,我国采矿和选矿技术较落后,生产效率不高,有用矿物回收能力差,综合利用程度低。

受技术与装备落后,以及缺乏深水作业的人才与经验的限制,多年来我国只能在渤海、东海等内海部分海域进行油气开发,在南海的开发也只是集中在浅水区,对南海主体的深水区只进行了路线概查和局部地区的地球物理普查。可以说,我国在开发南海油气资源方面进展十分缓慢,占我国领海面积 3/4 的南海地区,油气开发几乎还是空白,不多的几口油井都集中在离陆地和海南岛不远的区域。

3. 周边国家抢采油气,引发与我国海域之争

海洋石油、天然气产业的飞速发展使其在开发蓝色国土,发展海洋经济中的地位和作用越来越重要。首先,海洋石油产业为经济发展提供了"血液",大大增强了国民经济发展的实力;其次,海洋油气业的日益发展,带动了其他相关产业的发展;第三,海洋油气产业的发展需要引进国外先进技术和经营管理经验,起到对外全方位开放的"窗口"作用;第四,海洋油气资源不同于陆地资源,特别是在有争议的海洋区域,如果本国不对其进行开发,就会被其他国家抢先开发。目前,南海周边多个国家与我国有严重的海洋争端,出现了我国海洋岛屿被侵占、海洋区域被分割、海洋资源被掠夺的严重局面,仅争议海域面积就达到 150 余万平方公里,占我海域辖区的一半以上。例如,在我国南沙海域发现有丰富的石油资源后,就引起不少周边国家前去侵占。发现油气资源前,这些周边国家并未对我南沙海域提出过领土要求,如越南曾经几次在本国报纸上声明,南沙海域是中国的。但是,自从这一海域发现石油后,该国侵占我南沙海域岛礁的情况比任何周边国家都严重,而且还无理阻挠我国在这一海域勘探开发作业。目前,南海周边有菲律宾、越南、马来西亚、文莱、印度尼西亚五个国家先后对南海提出了主权要求,并纷纷前往抢夺资源,焦点多集中在我国南沙群岛 80 多万平方公里的海域上。如今在我国南沙海域,外国的油井已超过 1000 口,每年开采石油超过 5000 万吨。南海西缘,特别是南缘的大陆架及相邻的上陆坡,已经被一些邻国例如菲律宾、越南、马来西亚、文莱等抢占。

6.3.3　海洋矿产资源开发趋势

21 世纪是发展海洋经济的时代,浩瀚的海洋是资源和能源的宝库,也是人类实现可持续性发展的重要基地。当今世界人类正面临着日趋严峻的陆地资源和能源危机威胁,世界各国都把经济进一步发展的希望寄托在占地球表面积 71% 的海洋上,越来越多的国家都把合理、有序地开发利用海洋资源和能源,以及保护海洋环境作为求生存、求发展的基本国策。海洋中蕴藏着丰富的各类矿产资源、能源和生物资源。20 世纪以来,各国科学家的积极努力使人类极大地增长了对海洋资源的认识,目前全球已兴起一个开发利用和保护海洋资源、攻克海洋开发高新技术的热潮,海洋经济已成为世界经济发展新的增长点,成为我们这个时代的特征。

1. 加强海洋资源的调查评价是实施海洋开发战略的前提条件

我国的海洋国土面积很大,内海和领海面积达 40 多万平方公里。内海是内水的一部分,是指伸入一国大陆内部,有狭窄的水道与大洋相通,与本国领海相连的海域。渤海、琼州海峡和长江口、珠江口都是我国的内海。即使不算南沙海域,我国内海和领海也有 38 万平方公里。

根据《联合国海洋法公约》和我国的主张,我国管辖的海域面积约 300 万平方公里,包括渤海的全部 7 万平方公里,黄海 38 万平方公里中我国主张的部分,东海 80 万平方公里中我国主张的部分,南海 350 万平方公里中我国主张的部分。

世界公海和国际海底是人类的共同财产,全球的公海面积约为 2.3 亿平方公里,公海对所有国家开放,我国享有公海,包括海底区域海洋资源开发利用的权利。

国土资源部的一项基本职能是进行海洋资源调查评价。海洋资源调查就是对我国的领海及管辖海域的资源环境的基本特征、资源开发利用现状、开发利用前景,以及海洋环境和地质灾害情况进行综合调查及评价分析。海洋资源调查是人们认识和掌握海洋资源环境要素的分布及变化规律,获取资源的环境资料的最基本、最经常的工作,是海洋科学研究、海洋资源开发利用、海洋工程技术、海洋环境保护的基础工作。

海洋开发具有重要战略地位,从我国国情出发,我国海洋资源调查与评价必须把海岸带到大陆架专属经济区的广阔区域作为一个整体来考虑。主要任务:根据国民经济和社会发展的需要,基本查清从海岸带到大陆架、专属经济区广阔区域的海洋资源开发利用现状,发现一批新的可开发资源,重点是"一海"(渤海)、"一湾"(北部湾)、"一峡"(台湾海峡)、"三洲"(黄河三角洲、长江三角洲、珠江三角洲);调查海岸带、大陆架及专属经济区海洋资源类型、数量、特征、分布规律及开发现状;开展海洋灾害类型、引发机制及变化规律研究,建立灾害及海平面变化动态监测网;调查我国海岸带最大环境承载量;完成大陆架及专属经济区底土环境质量评价与功能区划;查明军事海洋环境与国防建设要素,为维护国家海洋权益、统筹海洋开发和整治服务。同时,开展大洋深海资源及极地的调查研究。

目前,我国的海洋资源调查评价工作才刚刚开始,装备力量非常单薄,需要有一个大的发展。尤其需要具备不同吨位与不同功能的海洋科学考察船、资源调查船、海洋环境监测船以及各种海巡船只。

2. 滨海砂矿的开发将从以岸上为主转变为水上、水下并举

我国人口众多,资源相对贫乏。社会经济的高速发展对矿产资源的需求越来越大。在经过几十年的强化开采之后,滨海砂矿在岸上的部分已经越来越少了,日益严格的资源管理制度,迫使人们把眼光投向水下,因此滨海砂矿开发的趋势必然是水上、水下并举。

显然,矿业开发部门需要有更多的抓斗式和吸扬式挖泥船及其他功率大、效率高、砂矿回收率高的海上采矿设备。

3. 深海油气资源开发迅速发展,已成趋势

世界海洋平均深度约为 3730 m,水深 200 m 以下仅占海洋总面积的 7.49%,水深在 6000 m 以上仅占海洋总面积的 1.38%,90% 以上的水深在 200~6000 m,大量海域面积等待人们开发。海洋勘查开发技术的发展是未来海洋油气资源勘查开发的关键。

深海油气资源潜力巨大,随着海洋石油钻探和开采技术及其装备的迅速发展,海洋勘查开发深度不断增加,海洋石油勘查开发成本不断降低,海洋石油产量不断增加。目前深海石油勘查已经达到了 2500 m 的深水区,钻探深度达到 10000 m 以上;"智能完井"技术实现了实时数据的采集;钻探成本大幅度降低,目前,世界石油产量中约 30% 来自海洋石油。

　　深水勘探技术进步迅速、勘查成果显著。深海油气钻探始于 1965 年,早期钻探深度大多限于水深 600 m 以内,先后探明了一批具有相当储量规模的油气田,包括墨西哥湾地区的布理文科尔、莱纳油田,加利福尼亚地区的派因特阿古洛、佩斯卡多油田,巴西坎波斯盆地的科维纳等油田,挪威的特罗尔大型气田。这些油气田的发现表明,深海油气有巨大的资源前景。

　　20 世纪 80 年代末期,钻井水深已经突破 2300 m,海底完井工作水深接近 500 m。90 年代以来,深海钻探和开采深度进一步扩大,目前,可用于 2500 m 的半潜式钻井综合平台已经研制成功,这意味着在大部分陆坡上都可以进行油气的勘探开发。据预测,未来 20 年内将有工作水深 4000～5000 m 的半潜式平台出现。

　　美国的深水油气勘探开发进展迅速,仅墨西哥湾水深大于 300 m 的已经投产的油气田超过了 30 个。

　　巴西把开发深海石油当做石油开发的重点,不断刷新世界深海油气勘探开发的水深纪录,发现了大批深水油田,其中有 4 个是可采储量大于 1 亿吨的巨型油田,可采储量共达 13.51 亿吨。巴西石油公司在深海石油开发技术上已经处于世界领先的地位,并利用深水开采技术到海外寻找市场。

　　法国海洋工业的长期目标是发展水深达 3000 m 的海底勘探和生产油气能力,法国各石油公司的海洋石油勘探区分布于 13 个国家,总面积达 230 万平方公里。积极开发深水开采工艺技术,提高油田采收率。法国海洋潜水技术公司的潜水作业占世界深潜作业量的 30%～50%,其中 90%的调查为海底矿产资源调查和深海油气层调查。

　　跨国公司竞争深海盆地,引发深海油气勘探开发热。安哥拉是世界上最具有勘探前景的热点地区之一,使得一些大型公司如美孚、雪佛龙、壳牌等均在该地区进行了大量投资。

　　我国海洋石油开采技术与装备落后,目前只能在内海的部分海域以及南海的浅水区进行。但随着国际上深海油气勘探开发热潮的不断发展与海洋石油开采技术的进步,我国的海洋石油勘探与开发活动必然也会顺应这一潮流,从目前的以浅水区为主,逐步走向深水区,由目前的以近海区为主,逐步走向中深海区。为适应这一战略转变,石油工业就要对其勘探和开发装备进行更换。现在尤其迫切需要能适应在大陆架海域活动、水深在 2500 m 以上的中深海域进行作业且机动性能比较优异的海洋地球物理勘测船,在水深 100～400 m 的海区进行作业的石油开采装备。

4. 海底多金属资源的勘查、开采和冶炼技术进一步提高

　　以锰结核为代表的海底固体矿产资源的开发利用主要取决于勘查、开采和冶炼技术的进步。经过几十年的研究,人类已经取得了显著的进展。图 6.9 所示为拖网开采锰结核。

　　现在,一般利用采矿船来开采锰团块。由装有深海电视的采矿机在海底收集锰团块,通过软管抽气像吸尘器一样,把锰团块经软管连续地吸到水面上的采矿船中,每天采矿量可达 3000 吨,如图 6.10 所示。

图 6.9 拖网开采锰结核

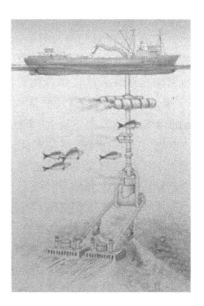

图 6.10 海底锰结核开采

日本的深海矿产资源开发技术居世界领先地位,已经研制出具有高效率及高可靠性的流体掘式采矿实验系统,他们进行了锰结核基础性冶炼技术研究,进行了有经济价值和高效率的冶炼技术开发,并将成熟技术封存。

英国研究深海锰结核和结壳的生成模式,研究深海锰结核、钴壳、硫化物或金属沉积采矿是英国矿业公司有兴趣的长期战略。英国在政治上和科学上介入这些资源的开发,不但能使深海采矿技术发展保持与世界同步,而且确保英国公司拥有最终开发这些资源的权利。英国深海采矿试验性开采系统由泵吸采矿式、连续链库或无人遥控潜水式组成,日产量可达 1 万吨。英国对红海多金属软泥的开发也进行了大量的调查研究。

法国研制成新型深海多金属采矿系统,可以从 6000 m 的深海底高速采矿,然后按自控程序返回海面。

5. 天然气水合物的研究进展显著,商业开发已经为期不远

几项重要的国际合作研究项目和世界主要国家的研究为天然气水合物研究进展作出了巨大贡献:深海钻探计划——大洋钻探计划(DSDP/ODP)调查世界海洋天然气水合物的分布;阿拉斯加天然气水合物研究项目研究一个地区天然气水合物的可能成因模式、埋藏深度、厚度、区域分布及资源量等,为今后的进一步勘探开发做了大量前期工作;四国联合国际合作项目因深钻和浅层取样的成功,从不同角度研究海洋天然气水合物组成和成分、产出状况、在沉积物中的分布等一系列相关问题;三国麦肯齐天然气水合物研究项目实施钻探研究天然气水合物储层,评价原始天然气水合物的性质,评估电缆测井仪器表征水合物的能力,计算钻井周围一平方公里范围内天然气水合物的储量。

2000年美国国会通过了"天然气水合物研究与开发法",目的是支持更好地认识天然气水合物、含天然气水合物沉积物、全球天然气水合物储层与世界海洋及大气圈间的相互作用的特性等研究项目,以达到两个重要的能源供应目标:第一,必须保证钻透覆盖在海底天然气水合物的覆盖层所需要的深水油气研发作业的安全;第二,到2015年,通过研究,提高地质认识,在技术上实现对天然气水合物矿床的商业开发,以保证天然气的长期供应。

2009—2014年,韩国将对周边海域发现的天然气水合物矿藏储量进行勘探,并研发天然气水合物商业生产的相关技术,最终将在2015年正式进入天然气水合物商业生产阶段。

加拿大在胡安·德富卡洋中脊斜坡区的工作引人注目,天然气水合物评价储量为1800亿吨石油当量。在加拿大西北部永久冻土带钻探的麦肯齐河三角洲MallikZL-38井深1150 m处取得的37 m岩心保留了天然气水合物层序互层的特征。2012年上半年,美国和日本成功完成阿拉斯加北坡水合物天然气田的试生产。

根据近年试验性开采成果和技术进步,2015—2020年发达国家实现工业规模开采天然气水合物在技术上是可行的,但实现商业开采则值得探讨。

第7章 海洋生物资源

7.1 海洋生物资源概述

    海洋是生物资源的宝库,有 20 多万种生物生活在海洋中,其中海洋植物约 10 万种,已知鱼类约 1.9 万种,甲壳类约 2 万种。许多海洋生物具有开发利用价值,为人类提供了丰富资源。多样的海洋生物如图 7.1 所示。

图 7.1　多样的海洋生物

    海洋生物资源是一类能自行增殖、更新的海洋资源,又称海洋渔业资源或海洋水产资源,它是海洋资源的重要组成部分。其主要特点是通过生物种群的繁殖、发育、生长和新老替代,使资源不断更新,种群不断地得到补充并通过一定的自我调节能力达到数量的相对稳定。海洋动植物中许多可供食用、药用或用做工业原料。海洋中现已发现的经济价值较大的鱼类有 4000 多种,软体动物、甲壳类 100 多种,可食用的海藻 70 多种。海洋资源不仅种类繁多,而且生产量巨大。生物学家采用营养动态法估测,全球海洋每年净初级产量为 5000 亿～6000 亿吨,按营养阶层转换后计算,能够供人类利用的鱼、贝、藻的重量达 6 亿吨,如果以每年生产量的一半作为最大持续可捕获量,全球海洋中鱼类可捕量有望达到 3 亿吨。海洋给人类提供食物的能力等于世界所有农耕地面积农产品的 1000 倍。从蛋白质的生产进行估计,世界各海洋每年能生产各种海洋动物蛋白质约4亿吨,相当于现在世界海洋动物年总产量的8倍,也相当于世界人口对整个蛋白质需要量的7倍。此外,海洋生物还能够为工业、医药生产提供宝贵的原材料。

海洋生物资源包括海洋植物资源、海洋动物资源,其中海洋动物资源又包括鱼类资源、软体动物资源、甲壳动物资源和哺乳类动物资源。这些资源的利用主要在食品、医药和生物基因等方面。

7.2　海洋生物资源的分类

7.2.1　海洋植物资源

海洋植物可以简单地分为两大类:低等的藻类植物和高等的种子植物。海洋藻类是海洋植物的主体,在海洋生物资源中占有特殊的重要地位。其中,大部分生活在海洋的上层,而且多数以单细胞或单细胞群体的形式出现,被我们称为浮游植物,如硅藻、绿藻等,它们个体微小,而形状各异,如圆形、方形、三角形、针形等。浮游植物是海洋中生物量最大的类群,分布广泛,是海洋中主要的第一生产者。另一部分是大型藻类,如人们熟悉的紫菜、海带等。它们在海底构成“海底农场”,有森林,又有草原。有一种巨藻,堪称世界植物之最,从几十米至上百米,最高可达500 m高,重达180多公斤,生长速度之快,一年可长50余米,而且它的年龄可长达12年之久。藻类细胞具有叶绿素,可以利用太阳能进行光合作用,制造有机物。同时,藻类(特别是浮游植物)是海洋动物直接或间接的饵料来源,它在光合作用中还释放大量的氧气,总产量可达360亿吨(占地球大气含氧量的70%),为海洋动物甚至陆上生物提供必不可少的氧气,对于维护海洋的生态平衡和物质循环起到了极其重要的作用。因此,我们把藻类看做海洋原始生产力的标志。

海洋中具有经济价值的藻类有海带、海萝、裙带菜、紫菜、石花菜、羊栖菜等种类,它们生长在沿海水深200 m以内的大陆架海底以及岩礁、贝壳、泥沙等表面,这些大型藻类资源丰富,味道鲜美,是人类“绿色食品”的重要来源之一。除食用外,海藻在工业、农业、食品及药用方面有很重要的价值,可从中提取褐藻胶、琼脂、甘露醇、碘等,可作为一种新的生物能源。

海洋植物是在最初地球大气转变为现代大气过程中的“功臣”,有了它们才有了现代生机勃勃的生物界。因此,海洋植物是维持整个海洋生命的基础,是坚固的“金字塔基”。

7.2.2　海洋动物资源

海洋生物中最重要、最活泼的当属动物资源,包括鱼类、贝壳等软体动物类、对虾等甲壳类以及鲸等哺乳动物类等,它们构成了生机盎然的海洋世界,也构成了经济效益很好的海洋水产业,其中鱼类是水产品的主体,也最重要。

1. 鱼类资源

鱼类是海洋生物资源的主体。海洋鱼的种类繁多,估计达 25000 种,我国海域中约有 3000 种。世界海洋主要经济鱼类仅数百种,在捕获的海洋鱼类资源中,鲱科鱼类占 1/4,鳕鱼类占 1/5,鲱鱼类占 1/10,青科鱼类占 1/20。鱼类是海洋生物资源中最重要的一类,占世界海洋渔业捕获量的绝大多数。鱼类中以中上层种类为多,占鱼类捕获总量的 70% 左右,主要是鳀科、鲱科、鲭科、鲹科、竹刀鱼科、胡瓜鱼科和金枪鱼科等种类;底层鱼中,产量最大的是鳕科,其次是鲆鲽类。海洋中的鱼类如图 7.2 所示。

图 7.2　海洋中的鱼类

经济鱼类中年产量超过 100 万吨的约 10 种。这 10 种中,除狭鳕、大西洋鳕为底层或近底层鱼种外,其余 8 种都是上层鱼类,它们是远东沙瑙鱼、沙瑙鱼、毛鳞鱼、鲐、智利竹筴鱼、秘鲁鳀、沙丁鱼、大西洋鲱。

根据捕获鱼类的食物可将鱼类划分为如下几类:食海洋浮游生物的鱼类,比例最大,约占 75%(其中食浮游植物的鱼类约占 19%);食海洋游泳生物的鱼类,约占 20%;食海洋底栖生物的鱼类,约占 4%;剩下的 1% 则为食各种类群的生物的鱼类。

2. 软体动物资源

海洋软体动物资源是鱼类以外最重要的海洋动物资源,具有重要经济意义。许多水生种类,尤其是蛤、牡蛎、扇贝和贻贝等肉味鲜美,具有很高的营养价值,可进行捕捞或养殖。鲍、珍珠、乌贼、蚶、牡蛎、文蛤、蛤等的贝壳等都是中药的常用药材;鲍、凤螺、海蜗牛、蛤、牡蛎、乌贼等可以提取抗生素和抗肿瘤药物,药用价值很高。产量多的小型软体动物可以做农田肥料或饲料,软体动物的贝壳是烧石灰的良好原料,珍珠层较厚的贝壳是制纽扣的原料,因此工农业价值很高。很多贝类的贝壳有独特的形状和花纹,富有光泽,绚丽多彩,可以制成工艺品或装饰物。另外,它们还具有地质价值。

软体动物门在地质历史时期中有很多可作为指示沉积环境的指相化石。在寒武纪的最底部,已有单板纲和其他软体动物化石出现,可用以了解古水域温度和含盐度等;蜗牛化石能反映第四纪气候环境。

3. 甲壳动物资源

甲壳动物资源在海洋渔业捕获量中所占份额较小,但在经济上很重要,特别是对虾类(主要是对虾、新对虾、鹰爪虾等属)和其他游泳虾类(主要是褐虾和长额虾科),虾、蟹的市场价格超过鱼类的很多倍,是目前颇受重视的一个类群。由于它们的寿命短,再生力强,因而已成为人工养殖的对象。其中生长在南极的一种作为鲸类食物的磷虾被誉为"21 世纪的流行食品",因为它有着极为惊人的资源量和很高的营养价值。

4. 哺乳类动物

海洋哺乳动物是哺乳类中适于海栖环境的特殊类群,通常被人们称为海兽,是海洋中胎生哺乳、肺呼吸、体温恒定、流线型且前肢特化为鳍状的脊椎动物,包括鲸目、鳍脚目、海牛目的全部和食肉目的海獭等。鲸目动物(如鲸(图 7.3)、海豚)和海牛目动物(如儒艮、海牛)终生栖息在海里,为全水生生物;而鳍脚目动物(如海豹、海狮)需要到岸上进行交配、生殖和休息;食肉目的海獭和北极熊仅在海中捕食和交配,为半水生生物。生活在河流和湖泊中的白鳍豚、江豚、贝加尔环斑海豹等,因其发展历史同海洋相关,也被列为海洋哺乳动物。鲸类是重要水产资源,在海兽中鲸的种类、数量最多,各大洋均有分布,经济价值最大,与人类的关系也最密切。其皮可制革,肉可食用,脂肪可提炼工业用油。全世界海鲸约有 90 种,我国海域中已知的约 30 种,不仅有著名的大型鲸种,如蓝鲸、大须鲸、黑露脊鲸、抹香鲸等,而且更有大群的海豚。海兽同样是重要的海洋生物资源,包括海狮、海象和海豹等,分布在南北两极到接近赤道的世界各海洋中,以北大西洋北部、北太平洋北部、北冰洋和濒临南极的水域占优势。海狮类主要分布在北太平洋北部和南极水域。海象仅一种,是北极特产。海豹分布于北太平洋和南极海域。海獭仅分布于北太平洋,其中阿留申群岛周围水域最多。我国现有各种海兽 39 种,都是从陆上返回海洋的,属于次水生生物。

图 7.3　鲸

7.3　海洋生物资源的用途

海洋生物资源的用途主要集中在渔业和医药业。"十一五"规划中已将海洋作为一个单独的领域设置立项,并设置了海洋安全环境监测保障技术、海底资源的开发技术、海洋生物技术三大板块。单独立项将对国内海洋生物技术的研发产生积极的影响,有利于国内海洋生物产品生产厂家进一步扩大规模。

7.3.1　海洋渔业

19 世纪及以前,渔业主要在陆地淡水、河口及海岸带进行。20 世纪,海洋渔业发展到一个新的阶段。1800 年世界水产品的产量约为 120 万吨,1900 年增长到 400 万吨,1938 年为 2100 万吨(海洋水产品为 1880 万吨),1970 年达到 7080 万吨(海洋水产品为 6070 万吨)。尔后,产量进入较稳定的阶段。

2008 年,世界鱼类产量的 80% 为人类所消费,平均每人 17.1 kg,预计到 2030 年消费量将上升到每人每年 20 kg。2008 年,鱼和鱼制品的出口量达到 1020 亿美元。自 1970 年以来,水产养殖产量以平均每年 6.6% 的速度增长,在 2008 年,产量达到 5250 万吨。2011 年鱼品供应总量增至 1.52 亿吨,达到有史以来的最高供应量。2011 年出口量达到近 1200 亿美元,比 2010 年增加 11%。

2500 m 的海洋深处曾发现结群性的经济鱼类,说明大陆坡及更深处仍有一定数量的生物资源可为人类利用。估计 200~2000 m 水深范围内,鱼类和非鱼类的可捕量约可达 3000 万吨。由于许多大型深海鱼类寿命较长,性成熟较晚,捕捞过多会影响它们的再生平衡。

海洋鱼类资源由于管理不当、利用不合理,许多品种的产量出现了明显的下降趋势,如狭鳕、大西洋鳕、大西洋毛鳞鱼、太平洋的鲐鱼和秘鲁鳀等。这说明世界传统鱼类的资源开发已经比较充分,有些品种的开发已经过度。因此,要扩大渔获量只能寄希望于发现和开发远洋、深海的鱼类资源。

当今世界渔业发展的突出特点及趋势是,国际社会已经把渔业的发展与粮食完全紧密地联系在一起,愈来愈重视渔业对整个世界粮食安全保障所起的重要作用,把发展渔业、增加水产品作为缓解粮食危机的战略措施之一。

7.3.2　海洋药物

海洋生物不仅为人类提供了大量食品,还提供了丰富的药品资源,是未来人类健康的卫士。人类利用海洋生物作为药物的历史非常悠久,在《黄帝内经》《本草纲目》等医学典籍中都有海洋药用生物的记载,紫菜可以健胃,海带含丰富的碘,黄海葵整个身体都可作为药用。海洋生物成分结构新颖、活性独特,大多具有抗肿瘤、抗癌、抗病毒活性等功效,是开发新药的巨大宝库。到目前为止,在海洋中发现的可作为药物和制药原料的生物种类已达千余种,从微生物到巨大的鲸类都有。国际公认的海洋药物已有抗生素中的头孢系列、抗病毒药物阿糖腺苷、褐藻酸钠药物系列。我国已经有多烯康、角鲨烯、河豚毒素、藻酸双酯钠、甘糖酯、甘露醇等海洋药物上市,还有很多海洋药物进入临床研究。海洋生物资源还提供了重要的医药原料和工业原料。海龙、海马、石决明、珍珠粉、龙涎香、鹧鸪菜、羊栖菜、昆布等,很早便是中国的名贵药材。当前,海洋生物药物已在提取蛋白质及氨基酸、维生素、麻醉剂、抗生素等方面取得进展。

　　自 20 世纪 60 年代初,海洋生物资源便成为医药界关注的新热点,海洋药物研发引起了各国关注。进入 20 世纪 90 年代,许多沿海国家都加紧开发海洋,把利用海洋资源作为基本国策。美、日、英、法、俄等国家分别推出包括开发海洋微生物药物在内的"海洋生物技术计划""海洋蓝宝石计划""海洋生物开发计划"等,投入巨资发展海洋药物及海洋生物技术。

　　我国海洋医药产业发展迅速,以 2006 年为例,2006 年主要海洋产业总产值 18408 亿元,增加值 8286 亿元,比上年增长 12.7%,相当于同期国内生产总值的 4%,与上年持平。海洋三次产业结构为 14∶42∶44。2006 年海洋生物医药业总产值 94 亿元,增加值 26 亿元,比上年增长 15.5%。浙江省海洋生物医药业产值占全国海洋生物医药业产值的 38.3%,居全国首位。2006 年,沿海地区继续加强对近海渔业资源的保护,积极发展远洋渔业和海洋水产品加工业,全年实现总产值 4533 亿元,增加值 1902 亿元,比上年减少 6.1%。

7.3.3　基因研究

　　21 世纪是海洋世纪,海洋生物资源的开发和利用已成为世界各海洋大国竞争的焦点之一,其中基因资源的研究和利用是重点。随着社会、经济的发展和人类活动的干预,海洋环境正在不断地恶化,海洋生物多样性正遭到破坏,海洋生物基因资源的保护和利用显得更加紧迫。研究海洋生物基因组及功能基因,能深层次地探究海洋生命的奥秘;发掘海洋生物基因,有利于保护海洋生物资源;从海洋生物的功能基因入手,有助于培育出优质、高产、抗逆的养殖新品种,从根本上解决海水养殖生物"质""量"和"病"的问题,同时还有助于开发具有我国自主知识产权的海洋基因工程新药,部分解决海洋药源问题。

　　在水生经济动物方面,美国启动最早,已经筛选到一批与发育、生殖及免疫相关的功能基因;日本针对疾病和免疫相关功能基因进行重点研究;目前国外研究者的工作重点已集中到建立功能基因分析技术平台上。

　　我国海洋生物基因资源的研究起步较晚,但已经取得重要进展。在水产养殖核心种质方面,开展了遗传连锁图谱的构建、功能基因的筛选与克隆,以及胚胎干细胞和基因打靶技术的研究。建立了淡水鱼类基因转移的完整技术体系,以及海水鱼类花鲈胚胎干细胞系,为建立鱼类功能基因分析的技术平台奠定了良好的基础。克隆了深海微生物编码各种低温酶的功能基因,力图建立新型酶制剂的基因工程生产工艺。克隆了海蛇毒素、海葵毒素、水蛭素等一批功能基因,基因重组芋螺毒素、基因重组别藻蓝蛋白和基因重组鲨肝生长刺激因子作为潜在的基因工程创新药物,正在进行临床前试验。构建了可能用于海洋药物生产的大型海藻表达系统。但总的来讲,我国的研究跟踪多,原始创新少;基础积累薄弱,应用急于求成,特别需要海洋生物基因的功能验证模式和表达应用体系。

1. 海洋生物资源的可持续利用

关于海洋生物多样性与海洋生物资源的持续开发和保护的问题,由于海洋生物处于海水介质中,对海洋生物遗传多样性研究不足,生态系统水平和景观水平的多样性研究更不足,严重制约了海洋生物资源的持续开发和保护。目前,国际海洋生物普查计划,包括海洋动物种群历史、海洋动物地理信息系统和海洋种群的未来预测研究,通过实施有关七个项目,从种群、物种和基因三个层次,建立海洋生物多样性的研究体系,逐步实现可持续渔业的目标。

我国水产养殖业在国民经济中占有重要地位,2003 年水产品出口占农产品出口净收入的 50%,但经审定的水产良种只有 46 个,良种覆盖率仅为 16.2%。海洋生物具有生物种类、生态习性和繁殖特点多样性,应加强海水养殖生物繁育与主要经济性状基因表达调控的研究,克隆与生长、抗逆和品质质量性状相关基因;加强海水养殖生物的遗传改良与新品种培育研究,重视选择育种和标记辅助育种(MAS)的工作;把免疫与病害防治作为重点,特别要重视特异性或非特异性免疫增强剂和基因工程疫苗的应用潜力。

2. 海水养殖核心种质基因组学

陆地农业已经跨越了机械化、育种、化肥使用到生物技术的几个大阶段。海洋生物种质资源是"蓝色农业"的基础,所谓核心种质就是核心样品,即用最小的样品最大程度地代表多样性。海水养殖核心种质基因资源的研究与利用,应该以资源为基础,以基因为核心,以品种和产品为载体,根据国际上重要的海洋生物基因组计划和我国海洋生物基因组研究的最新进展及面临的紧迫形势,在以下方面进行努力:①积极参与国际海洋生物基因组计划,避免被动;②有计划地对我国海水养殖核心种质和海洋药源生物独立开展基因组学研究;③构建海洋生物后基因组学研究的技术平台,确保基因资源的开发、保护和利用;④建立 GM(遗传修饰)动物的环境安全评估体系。

由于过度捕捞、海区污染、环境恶化等因素,我国海洋鱼类资源面临枯竭的危险,例如我国带鱼最高年产量曾达到 50 万吨,占世界 70%,但以后的产量不断下降,并出现小型化现象,20 世纪 80 年代以来,没有鱼汛形成。应该加强重要海水养殖鱼类遗传多样性与基因资源的研究,选择重要海水养殖鱼类进行基因组学和比较基因组学的研究,使我国实现由水产大国到水产强国的跨越。

3. 海洋极端环境基因资源

深海生物的研究不仅具有科学意义,而且具有实际应用价值。由于深海生物人工培养上的难度,基因资源的应用显得格外重要。特别是深海极端基因资源的研究和利用,对于揭示生命起源的奥秘,探究海洋生物与海洋环境相互作用下特有的生命过程和生命机制,发挥在工业、医药、环保和军事等方面的用途,具有十分重要的意义。应当建立完备的研究条件和实验体系,建立我国的深海极端微生物菌种资源库,培养一批高素质人才,获得拥有自主知识产权的成果,使我国在国际竞争中争取主动。

深海未知生命据估计有 1000 多万种,已在热液区发现 300 多种新物种。研究热液区的嗜热微生物对于认识生命起源具有十分重要的意义,嗜热微生物还是热稳定酶和浸矿菌的重要来源。极端微生物在极端环境下的代谢特征对人类了解生命起源、生命本质和生命极限,开发新型药物和生物制品提供了机遇,其中对极端微生物特征蛋白质结构和功能的认识是关键。如极端酶对环境友好催化具有十分重要的作用,嗜冷酶能起到工业加工中降低能耗的作用。

除了微生物以外,海洋甲壳动物也是极端环境中的重要类群。开展与海洋甲壳动物生长、蜕皮、生殖、性别控制、渗透压及体色调节相关的神经多肽基因的研究,对于阐明海洋极端环境生物特异性适应机理、开发丰富的海洋极端环境的基因资源和推动海洋经济甲壳类养殖业均有十分重要的意义。

4. 水生生物基因资源的应用

水生生物转基因技术的发展,加速了快速生长、抗逆、抗病转基因鱼研究,转基因鱼生物反应器研究和转基因鱼生物安全研究。快速生长转基因鱼的饵料转换效率可提高 6.3%~7.9%,基础代谢能量下降,用于生长的能量提高 4%~6%,特定生长率提高 19.0%~25.0%,鱼体干物质含量提高 1.6%,蛋白质含量提高 2.2%~2.6%,脂肪含量下降 4.1%~15.0%。对转基因鲤鱼的繁殖力、存活力、食性和摄食能力以及对种群动态组成的影响进行了系统研究,提出利用三倍体、育性控制和基因流阻断确保生态安全。

由于海水鱼转基因技术的特点和利用"全鱼"载体构建快速生长和抗冻转基因海水鱼的实践,提出了需要解决的主要技术问题,包括定点整合、可控表达以及安全性和伦理问题等。

鱼类病害已经成为制约养殖业可持续发展的瓶颈,2003 年养殖鱼类病害直接经济损失 85 亿元。以基因转移和分子标记为主的分子育种技术,结合传统的选育技术,为海水养殖抗病品种培育提供了有力手段。鱼类胚胎干细胞培养和基因定点转移技术,以及抗病品种培育的分子标记辅助育种技术有了长足发展。

21 世纪海洋生物天然产物受到了人们的格外关注,应该重视学科交叉,组成科研攻关团队,构建药用海洋生物资源种质库,建立海洋生物天然产物分离纯化和活性筛选的技术平台,逐步完善海洋天然产物化合物数据库,定位与生物活性相关的分子标记,克隆可以药用的功能基因,建立具有海洋生物特色的表达系统和生物反应器技术,为开发海洋生物活性产物提供充足的材料。

在国际上,基因工程药物产业必将得到飞速发展。因此,开发具有我国自主知识产权的基因工程药物十分迫切,其中海洋生物基因工程药物具有诱人的前景。

5. 海洋生物基因资源研究和利用的其他关键问题

养殖生物的病害已经成为制约海水养殖业健康发展的瓶颈,非典型性肺炎(SARS)和禽流感病毒的流行已经为我们提供了前车之鉴,为此,开展海洋重要病原微生物的基因组和功能基因组学研究已成为当务之急。从分子水平和作用机理上阐明病原微生物致病机制是寻求有效预防和治疗疾病、阻断疾病传播和扩散的前提,并应特别强调核酸疫苗和基因工程疫苗的应用潜力。

加强开展严重危害我国海水养殖业的主要病原细菌的全基因组学的研究,以确定新的致病性相关功能基因,了解病原细菌的生物学、生理学特征及细胞与宿主机体的相互作用的机理,为我国的海水养殖业的病害诊断、高效防治技术提供有力支持。

近岸养殖海域是医学微生物学研究的薄弱环节,所关联的食品安全、公共防疫和国家安全问题逐渐突显出来,海洋烈性病原微生物的"负向"基因资源研究应得到重视。分析我国近年来发生的食物安全和抗生素残留事件,建议选择典型敏感海域试点,开展海洋生态基因组学研究,发掘有自净化作用的关键微生物(或基因)资源,针对国家安全和公共防疫建立生物安全监控和预警系统。

6. 我国海洋生物基因资源研究与利用的策略

我国 18000 公里的海岸线和 300 多万平方公里的"海洋国土",蕴藏着十分丰富的海洋生物基因资源。面对海洋生物基因资源开发的机遇和挑战,应该树立科学发展观,在学术探索上针对特有物种、特殊生命过程及调控网络,从建立模式体系入手,通过国家层面的有效组织,实现真正意义上的学科交叉与整合;在生物安全的前提下,面向国家资源可持续利用和环境可持续发展的需求,发现、挖掘和利用各种基因资源,用于种质改良、生产药物和高附加值产品,面向大洋和深海,开辟新的基因宝库;积极加强能力建设,注重基础性资料采集和管理,针对功能分析和应用模式建立相关技术平台;吸引更多陆地人才下海,通过建立优势团队和虚拟研究中心等创新机制,形成资源共享的网络平台,形成我国海洋生物基因资源研究的国家创新体系和持续高效利用体系。

7.3.4　生物修复

海洋环境生物修复主要是利用有机体或其制作产品降解污染物,减少毒性或转化为无毒产品,富集和固定有毒物质(包括重金属等)的方法。大尺度的生物修复还包括生态系统中的生态调控等。实际应用领域还包括规模化水产养殖、石油、重金属、城市排污以及海洋其他废物的处理。该领域的研究内容还包括微生物对环境反应的动力学机制、降解过程的生化机制、生物传感器、海洋微生物之间以及与其他生物之间的共生关系和互利机制等。

7.4 海洋生物资源开发和保护

海洋生物资源是极为丰富的,以海藻(图 7.4)为例,海藻主要有硅藻、红藻、蓝藻、褐藻、甲藻和绿藻等 11 门,其中近百种可食用,还可从中提取藻胶等多种化合物。当前人们对海洋生物资源的利用并不充分,捕捞对象仅限于少数几种,而大型海洋无脊椎动物、多种海藻及南极磷虾等资源均未很好地开发利用;捕捞范围集中于沿岸地带,仅占海洋总面积 7.4% 的大陆架水域,却占海洋渔获量的 90% 以上。据估计,海洋中有机物(以碳计)平均单产为 50 g/(m² · a),每年有 200 亿吨碳转化为植物,海洋每年可提供鱼产品约 2 亿吨,迄今仅利用 1/3。此外,鲸类的产量每年约 2 万头,也是不可忽视的海洋生物资源。

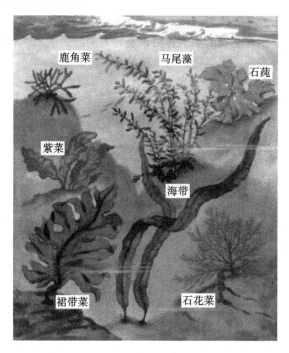

图 7.4 海洋中的藻类

但在开发海洋生物资源的同时,应当注意海洋生物资源所具有的特点:一方面,它是不断更新的生命;另一方面,它具有一定的自发调节能力,是一个动态的平衡过程。

7.4.1 世界海洋生物资源的开发和保护

面对世界海洋科学技术日新月异的发展,许多科学家预言:21 世纪,世界将进入"海洋经济时代"。一方面,由于人类对食物、能源和矿产原料的需求与日俱增,而海洋则是地球上这类资源尚未充分开发利用的最后领域;另一方面,20 世纪 60 年代以来,科学技术以前所未有的高速度突飞猛进地发展,人类在航天、遥感、材料、计算机等方面取得了重大技术突破,而这些成果正被越来越多、越来越快地引进海洋科学的领域,从而为全面开发利用海洋创造了必要的技术条件。当今,人们更加充分地意识到海洋的重要地位,并将海洋科学、原子能、宇航事业称为"当代的三大科学"。作为海洋科学中的重要组成部分,海洋生物资源的开发利用也变得更为重要与迫切,而海洋生物资源的开发利用,重点在渔业的可持续利用。传统性的渔业,主要是人类单方面的利用,未考虑对渔业资源进行系统的科学管理。现代海洋生物资源进一步开发利用的途径为开发远洋(如南大洋)和深海的鱼类及大型无脊椎动物。首先,考虑水深 200～2000 m 及更深处的生物资源,同时改革传统的捕捞方法。其次,开发海洋食物链级次较低的种类,如南极磷虾资源,南极磷虾具有数量多、蛋白质含量高的特点。南极海域蕴藏着丰富的海洋生物资源,其中最具开发潜力的是南极磷虾,其储量为 6 亿～10 亿吨,是全球单一物种蕴藏量最大的生物资源。全世界共有中国、挪威、俄罗斯、韩国等 10 多个国家从事南极磷虾捕捞,2010 年总捕捞量为 21 万吨。同时,大力发展大陆架水域的养殖和增殖业。

保护海洋生物资源,主要在于渔业资源的合理捕捞。世界渔业总产量的构成,是以海洋渔业为主要标志,而海洋捕捞占了世界渔业总产量的 85%。由于海洋捕捞业是世界渔业的主体,海洋捕捞又受到自然资源的制约,所以如何合理地利用海洋生物资源就显得格外重要。一方面,必须加强海洋渔业环境保护,尽量预防和消除海洋环境污染;另一方面,就是做到合理捕捞,既要使人类捕捞的产量达到较大,又要使海洋生物资源有所增长。每一种海洋生物资源,每年都会因疾病死亡、被捕食或被捕捞而损失一部分,同时每年又因个体生长和幼体补充而增加一部分。补充量与损失量之差,就是每年适宜捕捞的数量。捕捞量大于这个差值,即捕捞量超过该种海洋生物的补充能力时,资源就会减少。当每年的最高捕捞数量可使该种海洋生物的资源量得以保持稳定时,这个量就叫做最大持续产量,也就是合理的捕捞数量。要达到最大持续产量,最好的办法就是多捕较大的鱼,不捕小鱼。

渔业管理日趋严格,以《联合国海洋法公约》为依据,国际上有关渔业的法律制度逐渐完备,防止对资源过度开发的限制性措施也更加严格。为了保护渔业资源,许多国家都制定了相应的法律法规,包括禁渔区,禁渔期,最小捕捞长度,禁止捕捞亲鱼和幼鱼,还规定最小网目、规格、捕捞工具,最适捕捞量等,并建立了相应的监督管理机构和管理队伍。

7.4.2　我国海洋生物资源的开发和保护

海洋生物资源的开发和利用应根据海洋生物资源分布的区域性特点,从实际出发,因地制宜,按照海洋生物资源的特点和规律进行。我国海洋捕捞业历史悠久,是迄今鱼品最大出口国,2010 年出口值为 132 亿美元,进口值为 62 亿美元。

2011 年,我国加快推进实施南极海洋生物资源开发利用项目,继 2010 年揭开南极海洋生物资源开发利用序幕之后,再次成功实施南极生物资源探捕,并在多个方面取得了新的进展。一是探捕规模增加,作业渔船从 2010 年的 2 艘增加到 2011 年的 5 艘,产量从 1846 吨增加到 16020 吨。二是探捕时间延长,探捕时间从 2010 年的 23 天延长到 2011 年的 157 天,从只在南极的夏季生产延长到在南极的春、夏、秋 3 个季节开展生产。三是探捕范围扩大,探捕站点从 93 个扩大到 107 个,探捕调查总面积增加了 2 万平方海里,采集了大量的南极磷虾样品和海洋生物环境数据。四是生产方式取得突破。通过在探捕船上加装快速加工设备,初步实现了在船上同步加工磷虾产品,作业方式从单纯的捕捞发展到捕捞与加工处理同步进行,产品由单一的冻虾发展到冻虾、虾粉、虾肉、虾膏等系列加工产品。五是履约能力不断提高,南极海洋生物资源开发利用项目实施两年来,我国作为南极海洋生物资源养护委员会成员国,加强对生产企业和船员的培训、教育和管理,严格执行委员会各项措施和决议,包括入渔申请、进出公约区通报、产量月报、环保要求等,认真履行成员国义务,国际履约能力不断提高。

同时也存在一些问题,滥捕和捕捞过度引起许多重要海洋生物资源下降。许多传统经济鱼类都因为过度捕捞而日趋衰竭。渤海、黄海、东海的许多传统性捕捞对象(如真鲷、小黄鱼、大黄鱼、鳓鱼、鳕鱼、鲆鲽类等)资源已严重衰落,出现了与世界各海域传统渔场类似的情况。20 多年来,我国近海渔业资源也遭受到严重的破坏,特别是近海渔业资源从 20 世纪 60 年代后期就开始衰退。带鱼从年产量 100 多万吨降到 50 万吨左右,小黄鱼几乎不见,大黄鱼产量不足 30000 吨。由于大规模沉底拖网,且网孔越来越小,把大量幼鱼都捕捞上来了。其后果是渔获物中成鱼减少,幼鱼增多;优质鱼比例下降,劣质鱼比例大幅上升。现在,黄海的带鱼和小黄鱼已难以形成渔汛。东海的大黄鱼和带鱼,产量大幅度下降。为了保护渔业资源中各类生物得到繁殖和生长,1979 年国务院发布了《水产资源繁殖保护条例》,其中对保护对象作了严格的限定。

此外,国务院和各级地方政府还规定了禁渔区、幼鱼保护区,捕捞许可证和幼鱼检查制度,以及实行休渔期的时间和地点。1986 年 7 月 1 日,《中华人民共和国渔业法》正式实施,将渔业资源的保护和利用纳入法律的轨道,从而更加规范了渔业资源的管理。我国海洋渔业资源分布的情况比较复杂,应该进行资源分配管理,具体措施有实行捕捞限额管理、实行船只管理、实行海域分级管理、征收资源增值税等,使海洋生物资源开发利用趋于合理化和科学化,使海洋生态环境得到很好的保护。

未来 20 年,我国将以深海和远洋捕捞为重点,突破捕捞与养殖的技术瓶颈,加速海洋产业的发展,大幅度提高海洋生产能力,同时从海洋生物中克隆一批重要的功能基因。未来 20 年,我国还将在海洋生物材料、海洋生物酶的研究与应用方面取得重大突破,并形成新的产业。随着海洋生物技术的发展,我国海洋药物已由技术积累进入产品开发阶段,未来 20 年将形成一批海洋药物与保健品,在抗艾滋病、抗肿瘤、卫生保健方面发挥重要作用。

第8章　海洋资源开发现状

8.1　海洋开发概述

人类利用海洋已有几千年的历史了。由于受到生产条件和技术水平的限制,早期的开发活动主要是用简单的工具在海岸和近海中捕鱼虾、晒海盐,以及海上运输,逐渐形成了海洋渔业、海洋盐业和海洋运输业等传统的海洋开发产业。17 世纪 20 年代至 20 世纪 50 年代,一些沿海国家开始开采海底煤矿、滨海砂矿和海底石油。20世纪 60 年代以来,人类对矿物、能源的需求量不断增加,开始大规模地向海洋索取财富。随着科学技术的进步,对海洋资源及其环境的认识有了进一步的提高,海洋工程技术也有了很大发展,海洋开发进入新的发展阶段:大规模开发海底石油、天然气和其他固体矿藏,开始建立潮汐电站和海水淡化厂,从单纯的捕捞海洋生物向增养殖方向发展,利用海洋空间兴建海上机场、海底隧道、海上工厂、海底军事基地等,形成了一些新兴的海洋开发产业。

8.1.1　海洋开发的意义

海洋占地球表面的 71%,是全球生命支持系统的一个基本组成部分,也是资源的宝库和环境的重要调节器,是各国分别占有和世界共有的。海洋是富饶而未充分开发的资源宝库,被称为"能量之海"。20 世纪以来,人类社会被急剧膨胀的人口、陆地资源的枯竭和生存环境的恶化所困扰,从而越来越深刻地认识到开发利用海洋是解决这三大难题的重要途径之一。21 世纪海洋将在为人类提供生存空间、食物、能源及水资源等方面发挥更加重要的作用,而海洋能资源的研究与开发利用已成为增加能源供应,保护生态环境,促进人类可持续发展的重要保障。

资源与环境是人类生存和发展的基本条件。生产力的飞跃发展、社会的文明进步、国家的繁荣富强,都与资源环境息息相关。资源的安全是国家的安全,资源的危机是民族的危机。随着陆地战略资源的日益短缺,海洋作为一个具有战略意义的开发领域,使得沿海各国正在不断加大向海洋索取资源的力度和强度,重视对"蓝色国土"的开发利用和保护。

世界有 2.5 亿平方公里公海和国际海底区域。地球表面海水的总储量为 13.18亿立方公里,占地球总水量的 97%。海洋中有 20 多万种生物。海水中含有大量盐类,平均每立方公里海水中含 3500 万吨无机盐类物质,其中含量较高的有氯、钠、镁、硫、钙、钾、溴、碳、锶、硼,以及锂、铷、磷、碘、钡、铟、锌、铁、铅、铝等。它们大都以化合物状态存在,如氯化钠、氯化镁、硫酸钙等,其中氯化钠约占海洋盐类总重量(约 5 亿亿吨)的 80%。表 8.1 为部分元素含量统计。

表 8.1 部分无机盐元素含量统计

元素	含量/(万吨/立方公里)	元素	含量/(万吨/立方公里)
氯	1900	钾	38
钠	1050	溴	6.5
镁	135	碳	2.8
硫	88.5	锶	0.8
钙	40	硼	0.46

海底矿产资源是指赋存于大洋海底表层的沉积物中的多金属结核矿产。由于其形态和成分上的特征各异,又称为锰结核、锰团块、锰矿球或锰瘤等。多产于海底表层,赋存的海域主要为深海平原、海沟、海谷、海底火山和群岛附近。且蕴藏量巨大,稀贵金属铜、钴、镍含量高。同样,海洋油气资源的蕴藏量也十分巨大。

海洋资源开发已经对世界经济的发展作出了重大贡献。据联合国报告的资料,目前世界国民经济总量为 23 万亿美元,其中海洋经济约 1 万亿美元,占 4% 以上。全球陆地为人类提供的生态价值 12 万亿美元,海洋提供的生态价值 21 万亿美元。

海洋是人类未来的希望,"21 世纪将是海洋开发时代"已成为全球的共识。海洋是人类社会可持续发展的决定性因素之一,是世界可持续发展的重要基地,海洋资源开发与海洋可持续发展是全球发展大趋势和世界各国的重要战略选择。

8.1.2 海洋开发的理论依据

海洋能够提供大量的资源,对经济的发展有重大影响,发展海洋经济必须有理论依据。

1. 海洋区划理论

海洋区划理论根据自然资源和社会经济条件,把一个海域划分为不同类型的海洋区域。海洋经济区划以地(海)域经济为单元,以资源为基础,以市场为导向,以发展经济为中心,以实现海洋经济的可持续发展为目标,把海洋作为一个复杂的社会-经济-生态地(海)域系统。海洋经济区划为合理配置、协调开发、利用与保护海洋资源,完善各具特色的网络型地(海)域经济体系,合理制定海洋经济发展规划和区划发展战略提供了依据。

2. 海洋区域经济发展理论

海洋区域经济是在一定的海洋区划体系,包括自然区、功能区和经济区内形成的海洋区域经济体系。海洋区域经济是以海洋区域为单元,以海域资源为基础,以实现海洋经济的可持续发展为目标的复杂的社会经济系统,是海洋经济发展及其海域布局规律的综合反映。

3. 海洋经济可持续发展理论

可持续发展是发展与环境之间保持平衡与协调的一种思维模式。从可持续发展的角度发展海洋经济,要求做到如下几点。

(1) 最有效率地开发利用海洋资源。应根据海洋自然资源情况,合理分配海域空间和海洋资源,促进海洋产业协调发展。

(2) 切实保护海洋生态环境。海洋资源开发和海洋环境保护同步规划,同步实施,同步发展。制定海洋开发和海洋生态环境保护协调发展规划,建设良性循环的海洋生态环境体系。

(3) 实现资源与经济、社会、人口、环境的协调发展。高度重视海洋的开发与保护,把海洋经济的可持续发展作为长期发展战略,加强海洋综合管理,建设良性循环的海洋生态环境和资源经济系统。

4. 海洋产业经济理论

海洋产业是海洋经济发展的主体,海洋经济的发展主要表现为海洋产业的发展升级。海洋产业经济理论主要关注如何通过科技创新等手段,构建一个完整、高层次的海洋产业体系。

8.2　海洋开发的现状

现代海洋开发活动中:海洋石油、海洋天然气、海洋运输、海洋捕捞以及海盐制造的规模和产值巨大,属于已成熟的产业,正在进行技术改造和进一步扩大生产;海水养殖业、海水淡化、海水提溴和镁、潮汐能发电、海上工厂、海底隧道等正在迅速发展;深海采矿、波浪发电、温差发电、海水提铀、海上城市等正在研究和试验之中。海洋开发示意图如图 8.1 所示。

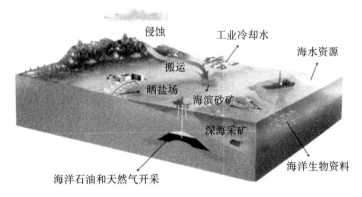

图 8.1　海洋开发示意图

8.2.1　海底矿产资源开发

海底矿产资源种类繁多,石油和天然气的开发产值占首位,其次是煤矿,另外还有砂、砾石和重砂矿等。

1. 石油和天然气

海底有 5000 万平方公里(约占海洋面积的 14%)含油沉积盆地,其中石油的可采储量估计为 1350 亿吨。近期勘探表明,水深大于 200 m 的大陆坡、大陆隆和小洋盆很可能是未来油气生产的远景区。

世界上多个国家从事海上油气勘探,海洋石油和天然气开发的产值已占海洋开发总产值的 70% 左右。世界海洋石油产量,1950 年为 0.3 亿吨,占世界石油总产量的 5.5%,2009 年为 1.8 亿吨,占世界石油产量总产量的 33%,海洋天然气产量占全球的 31%。

我国 1959 年开始在渤海勘探,以后逐渐扩大到南黄海、东海和南海北部大陆架,包括台湾在内,已发现了 7 个大型含油气沉积盆地。2010 年,我国海洋石油天然气产量超过了 5100 万吨油当量,来自海洋的新增石油产量达到 80%。目前,我国海油已在我国海域建成 82 个油气田,产量约占我国年产量的 1/4。

2. 煤矿

目前开采海底煤矿的国家有日本、英国、加拿大、土耳其、智利、中国等。日本海底煤矿的开采量占其全国煤总产量的 50% 左右。智利海底煤矿的开采量达全国煤总产量的 84%。英国的位于诺森伯兰离岸 14 公里海底的煤矿是世界最大的海底煤矿。

3. 重砂矿和沙砾

滨海砂矿的开采方法很多。目前世界 80% 的锆石、90% 的金红石都是由澳大利亚滨海砂矿开采的。世界 90% 的锡石来自滨海砂矿,泰国是最大的产锡国。中国开采的滨海砂矿有钛铁矿、锆石、独居石和磷钇矿等。世界上正在开采海洋沙砾的国家有日本、英国、美国、丹麦、荷兰、中国和瑞典等。

4. 锰结核和热液矿床

这两种矿目前尚未正式开采。海底锰结核的试验性开采已经开始,全世界成立了多个跨国集团公司从事锰结核勘探开发。海底锰结核矿和海底热液矿床已经开始商业规模开采,目前一些国家正在研究从中提炼金属的技术。

海洋矿物资源开发的趋势:石油和天然气的开发仍将占据首位,并向深海和环境恶劣的海区发展;开发设备朝大型化、浮动化、自动化方向发展,设备的抗波浪能力、耐久性、安全性和稳定性将增强;钻探设备中半潜式平台和钻井船的比重将增大。目前,人工智能机器人的海洋潜水技术已进入实用阶段,深海采矿业正逐步发展成为新兴产业。

8.2.2　海水化学资源开发

　　人类直接从海水中大量提取或利用的物质目前只有食盐、溴、镁和淡水等。食盐是提取量最大的海水化学物质,世界年产量已超过 5000 万吨。我国的产量一直居首位,其中 1983 年的生产量为 1194 万吨。到 2011 年,全国原盐累计产量为 6429.4 万吨。海水提溴和提镁发展都较快,世界溴产量的 70%、镁产量的 34% 来源于海水。海水淡化的方法很多,发展很快。1975 年世界日产 95 吨以上的海水淡化装置有 1036 个,日产淡水量约 200 万吨;到 1980 年同等规模的淡水装置已达 2204 个,日产淡水量达 727 万吨。目前全球有海水淡化厂 1.3 万多座,全球海水淡化日产量约为 3500 万吨。

8.2.3　海洋生物资源开发

　　海洋生物资源开发包括捕捞和养殖两个方面。在 20 世纪 60 年代以前,海产捕获量直线上升,但 70 年代以后,虽然捕鱼船队和吨位数比过去成倍增加,产量却徘徊在 6000 万吨左右。1982 年世界海洋渔获量 6820 万吨,其中日本居首位,苏联次之,中国居第三位。由于捕捞量的 90% 以上集中在大陆架水域,造成捕捞过度。近十多年来,水产资源遭到破坏,不少国家的捕捞区已向深海远洋发展,并寻找新的海洋生物资源。据联合国粮农组织初步估计,南极磷虾蕴藏数量巨大,受到世界各国重视。

　　海水养殖发展很快,世界各国都重视海水养殖的发展。我国海水养殖的产量 1983 年已达 54.5 万吨,到 2008 年上升到 1340 万吨,是世界上海水养殖发达的国家之一,养殖面积(1579 千公顷,2008 年)和总产量均居世界首位,养殖品种有海带、紫菜、贻贝、鲍鱼、牡蛎、蛤、海参、对虾、梭鱼、尼罗罗非鱼等。

8.2.4　海洋能利用

　　海洋能源通常是指海洋中所蕴藏的可再生的自然能源,主要为潮汐能、波浪能、海流能(潮流能)、海水温差能和海水盐差能。更广义的海洋能源还包括海洋上空的风能、海洋表面的太阳能以及海洋生物质能等。潮汐能和海流能来源于太阳和月亮对地球的引力变化,其他均源于太阳辐射。海洋能源按储存形式可分为机械能、热能和化学能。其中,潮汐能、海流能和波浪能为机械能,海水温差能为热能,海水盐差能为化学能。近年来,受化石燃料能源危机和环境变化压力的驱动,作为主要可再生能源之一的海洋能事业取得了很大发展,在相关高技术后援的支持下,海洋能应用技术日趋成熟,这为人们充分利用海洋能展示了美好的前景。

8.2.5　海洋空间利用

　　海洋空间利用是人类为了满足生产和生活的需要,把海上、海中和海底空间开发成交通、生产、军事活动和居住、娱乐的场所。

1. 海上运输

海上运输历史悠久,早在公元前 1000 年地中海沿岸国家就已经开始了航海。公元 1405—1433 年中国郑和 7 次率船队下"西洋",曾到达非洲的马达加斯加附近,与东非、印度、南洋 30 多个国家进行了交往。到 19 世纪末,世界大洋的主要航道都已开辟。20 世纪前期,又开辟了通往南极的航道,开凿了连接太平洋和大西洋的巴拿马运河,开始了北极航道的定期航行。第二次世界大战以来,海上货运量增长迅速。海上运输船队由 1935 年的 29071 艘 6372 万吨,增长为 1982 年的 7.5 万艘 4.3 亿吨,1993 年世界海运贸易量达到创纪录的 43.18 亿吨,2008 年世界海运贸易总量达到 82 亿吨。图 8.2 为世界第一大港鹿特丹。

图 8.2　世界第一大港鹿特丹

2. 海上城市和海上机场

1）海上城市

海上城市是指在海上建立的具有新城市机能、新交通体系的大型居住区,可容纳几万人。兴建海上城市,工程和费用巨大,需要以强大的国力作基础。海上城市如图 8.3 所示。

人工岛是在近岸浅海水域用砂石、泥土和废料建造陆地,通过海堤、栈桥或者海底隧道与海岸连接而建造的岛。世界上一些沿海发达国家如日本、美国、法国、荷兰等都已建造了人工岛。目前世界上已建成的最大海上城市是日本神户人工岛(图 8.4)。

2）海上机场

海上机场是把飞机的起降跑道建筑在海上固定式建筑物或漂浮式构筑物上的机

图 8.3 海上城市　　　　　　　　　图 8.4 神户人工岛

场。如日本的长崎机场、英国伦敦的第三机场都建在人工岛上;美国纽约拉瓜迪亚机场是用钢桩打入海底建立的桩基式海上机场;日本正在建筑的关西机场则是漂浮式海上机场,它是将巨大钢箱焊接在许多钢制浮体上,浮体半潜于水中,钢箱高出海面作为机场,用锚链系泊于海上。图 8.5 为香港赤鱲角国际机场。

　　3) 海上工厂

　　海上工厂是把生产装置安放在海上漂浮的设施上,就地开发利用海洋能的工厂。日本等国建造的"海明"号波浪发电厂、美国建造的温差发电厂都是建在船上的海上发电厂。美国在新泽西州岸外大西洋东北 11 英里处建立的海上原子能发电厂安置在两只漂浮的大平底船上,周围环有马蹄形防波堤,发电能力为 115 万千瓦。巴西在亚马逊河口建的海上纸浆厂,安置在一艘钢制大平底船上,可日产纸浆 750 吨。日本还建有日处理垃圾达 10000 吨的海上废弃物处理厂以及日产 5000 立方米淡水的浮式海上淡化厂。图 8.6 为日本福冈海水淡化中心。

图 8.5 香港赤鱲角国际机场　　　　图 8.6 日本福冈海水淡化中心

3. 海底隧道

海底隧道为地下通道的一种,也是比较常用的一种。世界上已建成数条海底隧道。日本 1987 年建成的青函海底隧道是当时世界上最长的海底隧道,它穿过津轻海峡,全长 53.85 km,其中海底部分长 23.3 km、1994 年建成的英吉利海峡海底隧道,由三条 51 km 的平行隧道组成,总长度为 153 km。

4. 海底军事基地

海底军事基地是指建在海底的导弹和卫星发射基地、水下指挥控制中心、潜艇水下补给基地、海底兵工厂、水下武器试验场等用于军事目的的基地。它们大体上可分为两类:一类是设在海底表面的基地,由沉放海底或在海底现场安装的金属构筑物组成;另一类是在海底下面开凿隧道和岩洞作为基地。

8.3　我国的海洋开发状况

8.3.1　我国海洋资源概述

我国海域辽阔,按照国际法和《联合国海洋法公约》的有关规定,我国主张的管辖海域面积达 300 万平方公里,接近陆地领土面积的 1/3。海岸线曲折漫长,大陆岸线 1.8 万公里,居世界第四。其中与领土有同等法律地位的领海面积为 38 万平方公里。海岛岸线 1.4 万公里,在我国的海域中,面积在 500 m² 以上的岛屿 7372 个,大陆架面积居世界第五位。我国管辖海域内有海洋渔场 280 万平方公里,20 m 以内浅海面积 2.4 亿亩,海水可养殖面积 260 万公顷;已经养殖的面积 71 万公顷。浅海滩涂可养殖面积 242 万公顷,已经养殖的面积 55 万公顷。

我国海域的生物种类丰富多样,已有描述记录的物种达 2 万多种。海产鱼类 1500 种以上,产量较大的有 200 多种。海洋生物的物种较淡水多得多,有记录的鱼类有 3802 种,海洋就占 3014 种。此外,我国还拥有红树林、珊瑚礁、上升流、河口海湾、海岛等各种海洋高生产力的生态系统,对各类海洋生物的繁殖和生长极为有利。

在我国辽阔的近海海域内,蕴藏着丰富的石油和天然气资源,目前,在渤海盆地已经发现了 10 多个含油气构造或油田,有的油田单井日产原油达 1600 吨,天然气 19 万立方米,在黄海北黄海盆地有一般的油气远景,而在南黄海盆地有 40 多个储油气构造,经钻探证实油气前景十分美好。东海有 2 个大的含油气沉积盆地,总面积为 40.2 万平方公里,从已经发现和圈定的 8 个构造带上看,规模巨大,或排成带,都具有位置好、面积广、幅度大和油源近等特点,开发东海盆地油气资源的前景广阔。近几年的海上石油开采也进一步得到了证实。在南海海区有半数以上的盆地的油气储量巨大,构成了环太平洋区大含油气带西带的主体部分。

我国滨海砂矿资源主要有钛铁矿、锆英石、独居石、金红石、磷钇矿、铌钽铁矿、玻璃砂矿等十几种,此外还发现了金刚石和砷铂矿颗粒。滨海砂矿主要可分为 8 个成矿带,即海南岛东部海滨带、粤西南海滨带、雷州半岛东部海滨带、粤闽海滨带、山东半岛海滨带、辽东半岛海滨带、广西海滨带和台湾北部及西部海滨带。

8.3.2　我国海洋矿产资源开发利用现状

1. 海洋砂矿的开发起步早,但规模有限

我国滨海砂矿种类较多,已发现 60 多种矿种,估计地质储量达 1.6 万亿吨。根据现有技术经济条件,目前大多数具有工业价值的滨海砂矿都有开采,但开采规模有限,规模较大的主要有钛铁矿、锆石、金红石、钛铁矿、铬铁矿、磷钇矿、砂金矿、石英砂、型砂、建筑用砂等 10 余种。

2. 海洋油气开发已成重点,但主要局限在浅水区

海洋油气资源在海底矿产资源中勘探开发的规模最大,价值最高,但起步较晚。海洋油气的开发价值主要由开发成本和油价等因素决定。一方面,海上油田的建设成本为陆上的 3～5 倍,由于海上油田储量一般比较大,单位成本并不高;另一方面,国际原油价格中长期维持高位,使得海洋油气资源的勘探开发具有现实意义。

渤海油田是目前我国海上最大的油田,1967 年,我国海上第一口探井"海一井"出油,拉开了渤海油田生产史的序幕,也标志着渤海油田正式进入了现代工业生产阶段。1975 年,渤海油田产量只有 8 万方,到 2004 年首次达到 1000 万方;2010 年,渤海油田再上新台阶,实现了油气产量 3000 万吨的历史新跨越,达到 3005 万吨。至2010 年底,渤海油田已经累计向国家贡献了 1.75 亿方原油。

黄海海底是个很大的封闭盆地,盆地有可储油气的构造圈达 40 多个,其油气资源尚待进一步勘探。

经过 20 多年的不断勘探,目前已在浙江省以东海域的东海陆架盆地中部的西湖凹陷发现了平湖、春晓、天外天、残雪、断桥、宝云亭、武云亭和孔雀亭等 8 个油气田。此外,还发现丁玉泉、龙井等若干个含油气构造。东海油气田已累计获知天然气探明储量加控制储量近 2000 亿立方米。据估计,整个东海陆架盆地油气资源储量约为 5万亿～6 万亿立方米气当量,而目前的储量探明率还很低,勘探开发潜力非常大。2003 年 8 月中海油、中石化、壳牌公司、优尼科石油公司等五家石油企业联合开发东海油气资源。2005 年 10 月,位于东海的春晓油气田建成,日处理天然气 910 万立方米。

南海陆架具有良好的生油和储油岩系。1977—1980 年,我国石油部门对上述 3个盆地分别进行钻探,获得工业油气流。1980 年开始,我国又与法国、英国、美国等合作打出了若干口原油质量好、比重轻、含硫低的高产油气井。2003 年,中海油下属的中国海洋石油有限公司也通过自营勘探,在南海西部获得 1 个新油气发现。在两次钻探测试中,该井通过 11.11 mm 的油嘴,可日产原油近 1900 桶、天然气约 1.5 万立方米,中海油拥有该发现 100% 的权益,目前正进一步探明储量规模。2002 年中海油在我国海域内共获 5 个油气发现。从长远来看,南海深水石油储量潜力比东海、黄

海要大。2012年5月9日,"海洋石油981"在南海海域正式开钻,是中国石油公司首次独立进行深水油气的勘探,标志着中国海洋石油工业的深水战略迈出了实质性的步伐。6月底,中海油发布了9块总计1.6万平方公里南海油气田对外招标文件。

2010年海洋石油天然气产量首次超过5000万吨。海洋油气业高速增长,全年实现增加值1302亿元,比上年增长53.9%。2011年因受溢油等突发事件影响,海洋原油产量有所下降,但随着油气价格的上涨,海洋油气业依然保持了稳定发展。全年实现增加值1730亿元,比上年增长6.7%。

3. 天然气水合物的开发正处于初期研究阶段

天然气水合物埋藏于海底的岩石中,和石油、天然气相比,它不易开采和运输,世界上至今还没有完美的开采方案。

天然气水合物开采是柄"双刃剑"。在导致全球气候变暖方面,甲烷的温室效应要比二氧化碳大数倍。如果在开采过程中发生泄漏或者矿藏受到破坏,天然气水合物遇减压会迅速分解,最终导致甲烷气体的大量散失,从而增加温室效应;同时,由于迄今尚没有非常稳妥而成熟的勘探和开发技术,一旦出现井喷事故,就会造成海水汽化,甚至导致海啸。天然气水合物也可能是引起地质灾害的主要因素之一。由于天然气水合物经常作为沉积物的胶结物存在,它对沉积物的强度起着关键的作用。天然气水合物的形成和分解能够影响沉积物的强度,进而诱发海底滑坡等地质灾害的发生。

8.3.3 我国海洋能开发利用现状

海洋能是蕴藏于海水中的各种可再生能源的总称,包括潮汐能、波浪能、温差能、海流能、盐差能、离岸风能等,它是清洁、环保的可再生能源。当前海洋能的主要利用形式就是发电,从能源储量、发电设施运行、发电的技术研发、国家对海洋能开发的重视与支持等方面看,我国的海洋能开发呈现以下几个特点。

1. 我国海洋能储量丰富、开发潜力巨大

我国海域广阔、海岸线漫长、岛屿众多,海洋能资源丰富,开发前景可观。海洋能主要集中于福建和浙江沿海,潮差最大的地区(如浙江的钱塘江口、乐清湾,福建的三都澳、罗源湾等)平均差为4~5米,最大潮差为7~8.5米;我国海流能可开发的资源量约为1400万千瓦,其中以浙江沿岸最多,有37个水道,资源丰富,占全国总量的一半以上,其次是台湾、福建、辽宁等省份的沿岸,约占全国总量的42%;我国波浪能可开发的资源量约为1285万千瓦,可开发利用的区域较多;我国盐差能资源蕴藏量约为1250万千瓦,并分别比较集中;我国温差能资源蕴藏量在各类海洋能中居首位,可开发的资源量超过13亿千瓦,其中海域表、深层水温差在20~24 ℃,是我国近海及毗邻海域中温差能能量密度最高、资源最富的海域;我国离岸风能相当丰富,海上可开发利用的风能约为10亿千瓦,其中以福建、江苏和山东省海洋风能最丰富;我国拥有大量藻类和海洋生物种群,适合开展海洋生物质能开发利用研究。从总体上看,我国海流能、温差能资源丰富,能量密度位于世界前列;潮汐能资源较为丰富,位于世界中等水平;波浪能、盐差能资源具有开发价值;离岸风能资源和海洋生物质能资源具有巨大的开发潜力。

2. 我国海洋能发电已初具规模

我国从 20 世纪 50 年代开始陆续进行海洋能研究开发,目前,潮汐能和近海风能发电已形成初步规模,波浪能研究已进入示范试验并取得了一定的成果,海流能、盐差能利用正在进行关键技术研究并取得了一定的突破。经过不断努力,我国海洋电力产业正在稳步增长。"十五"期间,我国海洋电力产业增加值的年均增长速度为 16% 左右;2009 年,沿海风力发电和潮汐能发电全年实现增加值 12 亿元,比上年增长 25.2%。

1) 潮汐能方面

我国从 20 世纪 50 年代中期开始建设潮汐电站,至 80 年代初共建设潮汐电站 76 个,运行的潮汐电站有 8 座,而目前我国还在运行的潮汐能电站只剩下了 3 座,分别是总装机容量为 3900 千瓦的浙江温岭的江厦站、总装机容量为 150 千瓦的浙江玉环的海山站和总装机容量为 640 千瓦的山东乳山的白沙口站。其中,江厦电站是目前我国最大的潮汐电站,已正常运行近 20 年,是世界第三大潮汐电站。目前,我国潮汐能发电量仅次于法国、加拿大,居世界第三位。

2) 近海风能方面

随着陆上风力发电机总数趋于饱和,海上风力发电成为未来发展的重点。2007 年,地处渤海辽东湾的我国首座离岸型海上风力发电站正式投入运营,标志着我国发展海上风电有了实质性突破。与此同时,沿海地区一批海上风电项目带动了风电产业快速发展,天津、连云港等风电产业基地初步形成。其中长岛风电机组每年可发电 1500 万度左右,相当于一个火电厂消耗 3 万吨煤的生产水平;广东汕头币的南澳岛充分利用海洋风能,1991 年至今累计装机 129 台,是亚洲最大的海岛风电场;2010 年 2 月,我国首座也是亚洲首座大型海上风电场,上海东海大桥海上风电场全部 34 台风力发电机安装取得圆满成功,设计年发电利用时间 2624 小时,年上网电量 267 亿度。

3) 海流能方面

我国 20 世纪 70 年代在舟山地区以实型进行过潮流发电的海上原理性试验。采用螺旋桨式水轮机,驱动装在船上的液压发电机组,发出 5.7 千瓦的电能。

1983 年,在该地区马鞍航道进行作为航标灯电源的 120 瓦潮流发电试验。

2002 年,哈尔滨工程大学自行设计建造了我国第一座 70 千瓦的潮流实验电站。2011 年 9 月,由哈尔滨工程大学承担研制的 10 千瓦水平轴潮流能发电装置"海明Ⅰ"号开始运行。这是我国自行研制的第一座长期示范运行的海底式水平轴潮流能独立发电系统,也是继垂直轴潮流能示范电站"万向Ⅰ"和"万向Ⅱ"之后,在水平轴潮流能发电研究领域取得的标志性突破,它在水动力学及其性能方面进入世界先进水平。

　　2005 年底东北师范大学主持并完成了国家"863"计划课题"海洋水下仪器能源补充技术",主要是通过海流能发电机给水下仪器提供能源补给。

　　2006 年浙江大学研制出额定功率为 5 千瓦,额定流速为 2 m/s,叶轮额定转速为 50 r/min,叶轮半径为 1.3 m 的"水下风车"海流能发电机组模型样机(图 8.7)。

图 8.7　浙江大学研制的"水下风车"

　　2011 年 8 月,舟山"海流能发电与海岛新能源供电关键技术"项目开始实质性启动,到 2030 年,摘箬山岛将建成集科研、示范、旅游、休闲、生态为一体的国际级海洋科技示范岛,全面服务浙江省海洋经济建设。2012 年 3 月 23 日,国家"863"计划先进能源领域"海流能发电与海岛新能源供电关键技术"主题项目启动会召开,旨在通过自主创新提升中国在新能源领域方面的核心竞争力。

　　4) 波浪能方面

　　经过 20 多年的开发研究,波力发电获得了较大的发展,相关成果如下:额定功率为 20 千瓦的岸基式广州珠江口大万山岛电站;额定功率为 8 千瓦采用摆式波浪发电装置的小麦岛电站;额定功率为 100 千瓦广东汕尾岸波浪力实验电站;青岛大管岛 30 千瓦摆式波力实验电站;"十五"期间投资的广东汕尾电站 2005 年 1 月成功地实现了把不稳定的波浪能转化为稳定电能。

　　总体上看,20 世纪 80 年代的发电站设施是我国潮汐能发电的主体,潮汐能发电的新建项目不多。小型波浪能和海流能发电装置尚处于示范阶段,装置运行的可靠性、稳定性、安全性不够,发电成本过大。技术和成本制约造成我国海洋能资源开发利用率还很低,产业化和商业化程度不高。

　　3. 我国海洋能开发具备了一定的技术积累

　　我国潮汐能发电技术相对成熟,其中江厦潮汐能试验电站已实现并网发电和商业化运行。波浪能发电技术处于示范试验阶段,并已取得了一系列发明专利和科研

成果。如 40 瓦漂浮式后弯管波浪能发电装置已向国外出口,处于国际领先水平;10
瓦航标灯用波浪能发电装置已趋商品化;小型岸式波力发电技术已进入世界先进行
列。2006 年年初,中科院广州能源所研制的波浪能独立发电系统第一次实地海况试
验就获得了成功,这标志着海洋能中的波浪能稳定发电这一世界性难题获得了突破
性进展。目前,由广州海电技术有限公司研制的我国第一座漂浮式波浪能发电站已
投入建设,这意味着海洋能利用研究取得了很大进展,技术日趋成熟。

　　经过 30 年的研究,我国海流能利用技术取得了较大进步,积累了丰富的经验。
2006 年年底,意大利与我国有关方面签署了一份推动海流发电机在我国生产和应用
的合作协议,为我国沿海地区可再生能源的研究和开发探索了新路。我国水轮机性
能的研究已达到国际先进水平;10 千瓦级潮流发电装置处于示范阶段,已进入世界
先进行列,为我国海流能开发利用规模化、商业化打下了坚实的基础。

　　其他形式的海洋能如海水温差能、盐差能等的研究与开发尚处在实验室原理试
验阶段。在温差能方面,我国 20 世纪 80 年代初开始在广州、青岛和天津等开展温差
发电研究,1986 年广州研制完成开式温差能转换试验模拟装置,实现了电能转换,
1989 年又完成了雾滴提升循环试验研究。目前,天津大学正在开展利用海水温差能
作为推动水下自持式观测平台的动力的研究。在盐差能方面,中科院广州能源所
1989 年对开式循环过程进行了实验室研究,建造了两座容量分别为 10 瓦和 60 瓦的
实验台。可以看出,我国的海洋能开发在技术方面的特点是,研发起步虽不是太早,
但已拥有部分成熟技术,个别技术在国际上还具有一定影响。存在的问题是技术不
全面,对温差能、盐差能涉及很少;能量转换和能量稳定方面的关键技术亟待突破,已
有技术的应用转换率不高,商业开发还需假以时日。

4. 我国海洋能开发逐渐受到重视

　　2005 年《可再生能源法》颁布以来,在国家一系列法规、政策激励下,我国的海洋
能研发渐趋活跃,关于海洋能的学术研讨渐多,部分常规能源集团纷纷表示对海洋能
的关注,民营海洋能技术研发公司开始设立。

　　2009 年以来,国家的资金支持有序启动,研究和开发的重点初步明确。2009 年,
国家投资约 5000 万元支持"海洋能开发利用关键技术研究与示范项目"等项目,2010
年 6 月国家海洋局会同财政部制定了《海洋可再生能源专项资金管理暂行办法》,拨
付 2 亿元专项资金以加大对海洋能研发利用的投入。国家海洋局在调研的基础上,
制定了《2010 年海洋可再生能源专项资金项目申报指南》,明确了以下资金投向的重
点:海洋能独立电力系统示范工程、海洋能并网电力系统示范工程、海洋能开发利用
关键技术产业化规范、海洋能综合开发利用技术研究与实验、标准制定及支撑服务体
系建设。随着《可再生能源法修正案》贯彻实施,我国海洋能开发利用将逐渐步入良
性循环的发展轨道。

5. 我国海洋能发展中的主要问题

　　当前,海洋能技术不够先进和成熟,发电成本高、电能不稳定,这些构成了我国海

洋能开发利用的主要障碍。其深层原因是国家政策支持不够。

1) 海洋能的自然特点决定了其开发利用需要国家强有力的政策支持

首先,海洋能具有储量大、分布分散不均、能流密度低、利用效率不高、经济性差、不稳定、运用困难等特点。海洋能技术研发很难吸引私人投资者,要发展海洋能就必须加大国家的研发扶持和投入。其次,海洋能发电设施建设周期较长、固定成本投入大、单位电量价格高,对企业和私人投资者的吸引力不大,政府必须给予扶持才能顺利实现海洋能的实际利用。再次,海洋能分布的跨区域性、海域管理与陆地管理分割性等现状引发的纵向、横向政府行政管理的交叉和摩擦,也需要统一的政府政策协调。最后,新能源开发作为国家战略的一部分,应由中央政府统一制定中长期发展规划,统一制定规范各方面的权利、义务的法律法规,以此体现国家的意志,实现国家的整体和长远利益。

2) 当前我国海洋能开发利用中的许多问题都是国家政策支持不够的反映

(1) 缺乏海洋能开发利用整体规划。国家"十一五"期间也没有制定相应的中长期发展规划。

规划缺失集中表现为政策支持缺失,从而造成海洋能发展动力不足、方向不明。反观国外,美、英、日等国都以不同方式制定了各自的海洋能发展规划,如欧盟的"焦耳计划"、日本的"阳光计划"、英国的海洋能源行动计划等,都极大地促进了这些国家的海洋能研发和利用。

(2) 缺乏全面、详细、可操作性的法规和政策。目前,我国还没有国家层面的海洋能开发利用方面的专门法规、政策,而且已有的可再生能源相关法规和政策缺乏细则支持,可操作性不强。2009 年 12 月 26 日通过的《可再生能源法修正案》,虽然在可再生能源发电全额保障性收购制度、中长期总量目标实现相关规划、可再生能源专项基金等方面较原来的《可再生能源法》有了突破,但目前该法也没有相关的配套细则,实施效果有待实践检验。

相比而言,国外在这方面的法律要详尽得多。如美国《能源政策法案》中明确了内政部对海洋可再生能源建设工程的批租权,规定了联邦能源监管委员会为选址阶段的领导机构,确定了海洋能开发相关刺激措施,以及海洋能强制购买条款等。《联邦电力法案》规定了联邦能源监管委员会 12 海里的领海外部界线以内可航行水域的私人水电设施建设的审批权。

(3) 缺乏统一、协调的海洋能管理机制。由于缺乏全局性的、统一协调性的政策法规,我国海洋能的开发利用出现了管理脱节和"集体行动"低效的现象。

其一,海洋能开发中的宏观职能管理部门分割。海洋能发电涉及发电、上网、价格、费用分摊等环节,决定了海洋能开发需要国家各部门、单位之间的有效衔接和合力机制的作用。但限于成本、技术约束和部门利益等因素,在具体操作中这些职能管理部门很难达成有效的"集体行动",海洋能开发活动也难以顺利实施。

其二,海洋能管理中的行政分割、行业分割和海陆分割严重阻碍了海洋能的有效开发和利用。我国海洋管理是按行政地域进行的,海洋管理中海陆是分离的,这种分割式的管理体制使海洋能开发难以形成统一的全局性的规划和战略,多头管理、跨区管理、重复管理等现象严重,管理缺位、越位等问题重生,这对工程的正常进展造成了很大的阻碍。

其三,国家利益和地方利益协调机制和制度框架的不完善也给海洋能发展带来了很多障碍。在地方政府的地位、作用、责任没有相应约束的前提下,地方政府为了获取更大经济利益往往把适合海洋能开发的土地、岸线审批给其他开发商,使海洋能的天然站址遭到占用和破坏,严重影响了海洋能的后续发展,甚至使当地宝贵的海洋能资源彻底丧失。

(4) 缺乏稳定、持续的资金和技术支持。由于海洋能密度较低、开发难度大、技术要求高,所以对资金的投入需求高,特别是在初期,其资金密集型的特点十分突出。从人才培养、技术研发、工程设计到发电运行,都需要政府持续稳定的资金投入。但是,由于近期内建设大规模的海洋能发电站在技术上和经济上都不具备条件,国家没有足够的海洋能发电技术研究和开发的专项经费,资金缺乏造成研发落后,进而形成了技术和人才的瓶颈制约现象。

(5) 缺乏对民营等非国有资本投资海洋能开发的鼓励措施。在我国,电力能源一直为国有企业集团所垄断,市场准入的门槛极高。按现有的管理制度,虽然民营、私人和外资在形式上具备了进入电力开发领域的资格,但由于海洋能所需投资巨大、工期长、回报率低,在国家没有详细、可操作的鼓励措施的情况下,民营、私人和外资只能望而却步。

6. 促进我国海洋能开发的政策建议

我国海洋能开发空间广阔,而且具有一定的技术积累,部分海洋能发电工程和设施在规模上处于世界领先地位,拥有了一定的开发实践经验,但我国还远不是海洋能研发和利用大国。目前,制约我国海洋能发展的主要因素是法律、政策的支持不够,需要建立和完善如下政策支持体系。

1) 抓紧制定可行的海洋能中长期发展规划

能源开发必须坚持规划先行。要促进我国海洋能事业的发展,就要在详细调查的基础上,通过科学论证,制定切实可行的海洋能开发中长期规划。一方面,规划要在全面掌握我国海洋能的类别、分布地点、数量、开发现状、技术现状的基础上,明确进一步开发的重点、近期目标、中期目标等内容;另一方面,规划要注重可行性,要与国家的整体可再生能源规划相衔接,要把海洋能上网电量占全部上网电量的比重进行硬性、规制性量化,明确"达标"时间表,分步、分期实施。

2) 细化法律法规

按照明确、具体、统筹的要求对可再生能源的法律法规进行统一、整合、细化。

国家法律和政策制定部门应从宏观和整体的高度上,将现有的《大气污染防治法》《电力法》《节约能源法》《可再生能源法》(修正案)等法律法规及配套政策措施进行梳理、整合,做到去"部门化"、去"笼统化"、去"掣肘化",协调好国家各宏观管理部门之间、中央和地方政府之间、地方各级政府之间的关系,明确其责权利,建立统一、高效、协调有力的可再生能源和海洋能开发利用的法律法规体系。

3) 完善海洋能开发利用的综合管理制度

国外经验表明,要搞好海洋能开发利用项目的规划管理,必须坚持综合管理的理念。目前,我国海洋管理还停留在以地方行政管理和行业管理为主的层次上,离综合管理的要求还有相当的距离,不利于海洋能资源的统筹规划和有效利用。为此,必须结合我国海洋能资源和海洋管理体制改革,探索我国海洋能开发利用和综合管理的新路子。

首先,要制定关于海洋能开发利用的综合性、整体性规划,规划要在海洋功能区划而非行政区划的基础上,统筹安排好各个不同区域的资源,确保在最优利用的同时不对生态环境造成严重影响。

其次,要从组织结构上,成立相应的领导机构来规划管理全国海洋能开发项目,可在国家的层面上组建由国家发改委、科委及水利部、电监会、农业部、海洋局、国家电网公司等相关部门、单位共同参与的领导小组,负责统一指导、协调和管理海洋能开发项目。

最后,要完善当前的海洋行政管理体制,建立起有效的信息共享机制,确保各部门之间工作的协调一致。同时,要为地方参与海洋能开发并发挥重要作用创造条件。

4) 细化对海洋能开发利用的资金支持政策

(1) 加大财政资金直接支持力度。《可再生能源法》第 24 条规定:国家财政设立可再生能源发展基金,用于可再生能源科学技术研究、标准制定、示范工程、偏远地区和海岛独立电力系统建设、设备的本地化生产等方面。海洋能因其技术、工程成本高,效益回收难等特点,需要更多的资金投入。首先,要支持将海洋能转化为实用能的关键技术研发、引进、合作项目。其次,要大力促进海洋能电力安全并网的技术攻关。最后,为鼓励地方的积极性,国家可考虑在海洋能示范工程地区、海洋能优先规划区协调地方政府和电网企业尝试建立独立的电力系统。

(2) 税收优惠。《可再生能源法》第 26 条规定:国家对列入可再生能源产业发展指导目录的项目给予税收优惠。在实际工作中,要结合海洋可再生能源开发的特点,灵活运用各种税率、税目、减免、抵免、加速折旧等形式,将税收优惠贯穿到海洋能开发的各个阶段、节点。

(3) 财政贴息贷款。对列入国家海洋能中长期发展规划的技术研发、示范工程给予财政贴息贷款。

5) 引导、鼓励私人和民营资本投入

海洋能开发资金需求大、技术水平要求高,需要寻求多元化投资主体的协调,共同支撑海洋能发展。要真正鼓励私有、民营资金的注入,政府必须让相关投资者看到实实在在的利益,并确保利益获取的稳定性。在这一方面建议借鉴加拿大的经验,一方面,政府明确规定投资者可按每度电利润的 1% 获得税收返还;另一方面,政府严格守法守信,保障合同履行。此外,国家相关部门还应制定海洋能多元主体开发的专门政策,以鼓励、引导私人和民营资本的投入。

　　6) 完善海洋可再生能源开发项目的环境保护制度

　　对环境、生态的保护是海洋能开发利用的初衷之一,海洋环境保护是海洋能得以持续开发的必要前提。我国目前的一些工程建设大都存在重开发、轻保护的问题,对此,可借鉴美国严格执行的环境影响评价制度,该制度规定所有开发项目的申请必须咨询不同的利益相关者,申请必须描述现有的环境、工程细节、工程潜在影响、公共安全、环境资源的保障措施和有保障的移除和重建资金等。在实践中,环境影响评价制度对降低海洋能开发的环境风险起到了不可替代的作用。

8.3.4　我国海洋产业发展存在的问题

　　我国海洋产业发展存在的问题主要是,大海洋产业结构仍不尽合理,区域海洋经济发展还不平衡,海洋高新技术产业尚未形成规模,海洋科技对海洋经济的贡献率依然较低,海洋经济发展受海洋灾害影响仍然较大。

　　我国海洋经济发展仍处于粗放型发展阶段,海洋产业产值主要由几个海洋大省创造。按传统海洋产业、新兴海洋产业和未来海洋产业划分,我国海洋经济中,传统海洋产业(海运、海洋捕捞、海盐业和造船业)比重大,而新兴海洋产业(海水生物养殖、海上油气开采、滨海旅游等)比重小,传统海洋产业与新兴海洋产业之间大体呈 60∶40 的比例关系,而代表高新技术的未来海洋产业如海洋药物、海水淡化、海水综合利用、深海采矿以及海洋能源(潮汐能、波浪能、温差能等),对我国海洋经济贡献相当有限。在传统海洋产业中,存在着技术改造问题,需要提高其产业化水平,特别是在海洋经济中占有较大比重的海洋捕捞业,其投入与产出之比较低。海盐业的生产受自然因素影响较大,生产中科技含量也较低。港口和海上运输综合管理水平还有待加强。我国海洋经济在国际上处于低水平地位,海洋科技对海洋经济的贡献率仅为 30%,而国际先进国家达到了 70%~80%。另外,海洋灾害已成为制约我国海洋经济和沿海经济持续稳定发展的重要因素。

　　我国海洋资源与环境开发利用还更多地带有传统产业的特色,特别是影响海洋可持续开发利用的环境和资源问题越来越突出,要实现从海洋大国向海洋强国的跨越,还有诸多问题需要解决,如:海洋综合管理机制尚未建立,行业用海矛盾影响海域的综合开发效益,海洋资源开发利用的不合理造成资源与环境的破坏和严重浪费;沿海地区经济发展和海上开发活动对海洋环境的压力越来越大,入海污染物逐年增加,海域污染呈逐年加重趋势,污染范围日趋扩大,海洋生物资源过度开发和破坏严重,海洋生态系统遭到不同程度的破坏,海洋资源开发利用水平低,海洋灾害种类多、危害大。

8.4　我国海洋开发面临的环境问题

8.4.1　近岸的陆源环境污染

图 8.8 是海洋污染示意图。据有关部门统计,我国沿海地区每年排放入海的工业污水和生活污水约 60 亿吨。在生活污水中,以东海沿岸的排放量最大,其次为南海沿岸和渤海沿岸,黄海沿岸最小。在工业污水中,也以东海沿岸排放量最大,占总量的 50%;渤海沿岸和南海沿岸其次,黄海沿岸最少。

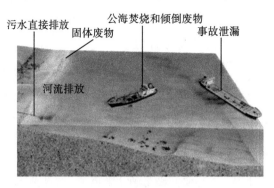

图 8.8　海洋污染示意图

我国入海河流中的营养盐浓度在过去的几十年中逐渐增加,例如黄河与长江中的营养物质浓度(硝酸盐),自 20 世纪 60 年代以来增加了数倍,这种情况在中、小河流就更为严重。大量的营养物质输入海洋,使得近岸水体处于富营养化状态并引发赤潮。特别是一些赤潮生物种类可产生毒素并沿食物链(网)传递与富集,最终危害人类的健康。图 8.9 为 2011 年我国近岸海域水质分布情况。

8.4.2　近岸的养殖废水污染

我国的海洋养殖业自 20 世纪 70 年代以来发展很快,在养殖过程中投入了大量的饵料、添加剂,这些饵料和添加剂中的相当一部分不能为养殖对象摄取而进入沉积物或悬浮于水中。在目前的养殖条件下,含有上述物质的养殖废水经常不经处理直接排入海洋,对局部或区域的环境破坏性很大。在一些地区,它的影响可超过河流污染的危害,甚至导致近岸水域发生大规模的赤潮。

8.4.3　近岸工程破坏生态环境

各种工程设施,如果设计不当就会对近海环境与资源系统带来严重的后果。

2009 年,南海分局联合相关单位对南海区 7 个生态监控区,包括河口、海湾、红树林、珊瑚礁等 10 个生态系统进行了监测。结果表明,南海区近岸海域海洋生态系

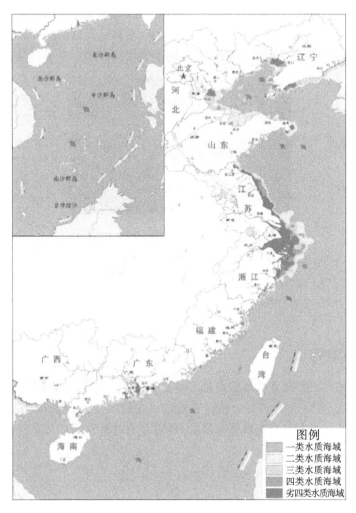

图 8.9　2011 年我国近岸海域水质分布示意图

统较脆弱,处于健康、亚健康或不健康状态的分别占所监测生态系统的 50%、40% 和
10%。其中,广东沿海的大亚湾、珠江口和雷州半岛西南沿海海域 3 个生态监控区,
全部处于亚健康或不健康状态。西沙的珊瑚礁受生物入侵和气候变化影响,也有较
大面积的退化。珠江口海域生态监控区连续 5 年处于不健康状态,是所监测区域中
生态破坏最严重的区域,例如,污染、天然海岸被大量人工岸线取代、红树林被砍伐,
使我国的红树林濒临灭绝。不合理的海洋工程的兴建和海洋开发,使一些深水港和
航道淤积,局部海域生态平衡遭到破坏。

8.4.4　溢油事件

2011 年 6 月 4 日起,山东半岛北部渤海蓬莱 19-3 油田出现漏油,污染面积达

5500 多平方公里(图 8.10)。类似于此的溢油事件,我国每年发生几十起,溢油可达上万吨,且这些事件大都发生在浅海或陆架区域。另外,我国沿岸分布着几个大油田和十几个石油化工企业,跑、冒、滴、漏的石油量很大:每年有 10 多万吨石油入海。

图 8.10　漂浮在海面上的石油

石油中的不同组分在海洋中的降解速率差别很大:它们在海洋中的半衰期可以从一天到数月之久的时间内变化。溢油除了造成直接的经济损失外,还影响景观、水质及食物链。由于这些食物链(网)的终端为人类本身,所以海洋溢油直接威胁人类的健康。

8.4.5　放射性污染

我国沿海 200～250 公里范围内是工业最为发达、人口最为集中的地区,国家现有和拟建的核能电站也大都集中在这一地区。在投入资金提高核能技术以减少污染,避免发生类似西方灾难性事件的同时,还需要通过教育提高公民的安全意识。

第9章 赤 潮

　　目前,世界上已有 30 多个国家和地区不同程度地受到过赤潮的危害。近十几年来,由于海洋污染日益加剧,我国赤潮灾害也有加重的趋势:由分散的少数海域发展到成片海域,一些重要的养殖基地受害尤重。对赤潮的发生、危害和防治予以研究,涉及生物海洋学、化学海洋学、物理海洋学和环境海洋学等多种学科,是一项复杂的系统工程。

9.1　赤潮的发生

9.1.1　赤潮的相关记载

　　赤潮既是一种自然现象,也是指一类生物,被喻为"红色幽灵",国际上也称其为"有害藻华",赤潮又称红潮,是海洋生态系统中的一种异常现象。人类早就有相关记载,如《旧约·出埃及记》中就有关于赤潮的描述:河里的水,都变作血,河也腥臭了,埃及人就不能喝这里的水了。在日本,早在腾原时代和镰时代就有赤潮方面的记载。1803 年法国人马克·莱斯卡波特记载了美洲罗亚尔湾地区的印第安人根据月黑之夜观察海水发光现象来判别贻贝是否可以食用。1831—1836 年,达尔文在《贝格尔航海记录》中记载了在巴西和智利近海面发生的束毛藻引发的赤潮事件。据载,我国早在 2000 多年前就发现赤潮现象,一些古书文献或文艺作品里已有一些有关赤潮方面的记载。如清代的蒲松龄在《聊斋》中记载了与赤潮有关的发光现象。根据引发赤潮的生物种类和数量的不同,海水有时也呈现黄色、绿色、褐色等不同颜色。根据赤潮发生的原因、种类和数量的不同,水体会呈现不同的颜色,如红色、砖红色、绿色、黄色、棕色等。值得指出的是,某些赤潮生物如膝沟藻、裸甲藻、梨甲藻等引起赤潮时并不引起海水呈现任何特别的颜色。因此,赤潮是一个历史沿用名,它不仅是指红色的赤潮现象,也是指其他颜色的赤潮现象。

9.1.2　赤潮的发生原因

　　赤潮是一种复杂的生态异常现象,发生的原因比较复杂。赤潮发生的机制虽然至今尚无定论,但究其原因不外乎两个方面:一是内因,赤潮生物的存在并过度繁殖;二是外因,即气候、地形、物理、化学、生物等外部因子的诱发。赤潮发生的首要条件是赤潮生物增殖达到一定的密度,否则,尽管其他因子都适宜,也不会发生赤潮。在正常的理化环境条件下,赤潮生物在浮游生物中所占的比重并不大,有些鞭毛虫类

（或者假藻类）还是一些鱼虾的食物。但是,在特定的环境条件下,海水中某些浮游植物、原生动物或细菌爆发性增殖或高度聚集就会引起的水体变色,即赤潮。大多数学者认为,赤潮发生与下列环境因素密切相关。

1. 海水富营养化是赤潮发生的物质基础和首要条件

富营养化是指生物所需的氮、磷等营养物质大量进入湖泊、河口、内湾,引起藻类大量繁殖、水体溶解氧量下降、水质恶化的现象。

由于城市工业废水和生活污水大量排入海中,营养物质在水体中富集,造成海域富营养化。此时,水域中氮、磷等营养盐类,铁、锰等微量元素以及有机化合物的含量大大增加,促进赤潮生物的大量繁殖。赤潮检测的结果表明,赤潮发生海域的水体均已遭到严重污染,富营养化。氮、磷等营养盐物质大大超标。研究表明,工业废水中含有某些金属可以刺激赤潮生物的增殖。在海水中加入 3 mg/dm^3 的铁螯合剂和 2 mg/dm^3 的锰螯合剂,可使赤潮生物卵甲藻和真甲藻达到最高增殖率,相反,在没有铁、锰元素的海水中,即使在最适合的温度、盐度、pH 值和基本的营养条件下也不会增加种群的密度。

富营养化导致藻类等过量生长,产生大量的有机物,促使赤潮生物急剧增殖。例如,用无机营养盐培养裸甲藻,生长不明显,但加入酵母提取液时,则生长显著,加入土壤浸出液和维生素 B_{12} 时,光亮裸甲藻生长特别好。异养微生物氧化有机物,耗尽水中的氧,使厌氧菌开始大量生长和代谢,分解含硫化合物,产生 H_2S,从而导致水有难闻的气味,鱼和好氧微生物大量死亡,水体出现大量沉淀物和异常颜色。

2. 水文气象和海水理化因子的变化是赤潮发生的重要原因

1）气象因子

气象因子如温度、降水、风、温室效应、厄尔尼诺现象等对赤潮的诱发作用不可低估。海水的温度是赤潮发生的重要环境因子;海水温度为 20～30 ℃,是赤潮发生最适宜的温度范围。科学家发现,一周内水温突然升高大于 2 ℃是赤潮发生的先兆。温度不仅能直接或间接地控制赤潮生物的生长和增殖,同时还影响赤潮生物的水平和垂直分布,限制其他生物的生长繁殖,破坏海域的生态平衡,导致赤潮爆发。

2）化学因子

海水的化学因子如盐度变化也是促使赤潮生物大量繁殖的原因之一。盐度在 26～37 的范围内有发生赤潮的可能,但是,海水盐度在 15～21.6 时,容易形成温跃层和盐跃层。温跃层、盐跃层的存在为赤潮生物的聚集提供了条件,易诱发赤潮。由于径流、涌升流、水团或海流的交汇作用,海底层营养盐上升到水上层,造成沿海水域高度富营养化。营养盐类含量急剧上升,引起硅藻的大量繁殖。这些硅藻过盛,特别是骨条硅藻的密集常常引起赤潮。这些硅藻类又为夜光藻提供了丰富的饵料,促使夜光藻急剧增殖,从而又形成粉红色的夜光藻赤潮。监测资料表明,在赤潮发生时,水域环境多为干旱少雨,天气闷热,水温偏高,风力较弱,或者潮流缓慢等。

3）地形轮廓

封闭的浅海或内海,风力小,海水流速缓,水体交换能力差,自净能力低,水体富营养化明显,利于赤潮生物的繁衍,易产生赤潮危害。1990 年至 2004 年上半年,渤海海域共发生赤潮 83 起,累计面积达 3 万多平方公里;日本的濑户内海 1976 年爆发赤潮高达 326 次之多。

3. 海水养殖的自身污染亦是诱发赤潮的因素之一

随着全国沿海养殖业的大发展,尤其是对虾养殖业的蓬勃发展,也产生了严重的自身污染问题。在对虾养殖中,人工投喂大量配合饲料和鲜活饵料。由于养殖技术陈旧和不完善,往往造成投饵量偏大,池内残存饵料增多,严重污染了养殖水质。另一方面,由于虾池每天需要换水,所以每天都有大量污水排入海中,这些带有大量残饵、粪便的水中含有氨氮、尿素、尿酸及其他形式的含氮化合物,它们加快了海水的富营养化,这样为赤潮生物提供了适宜的环境,使其增殖加快,特别是在高温、闷热、无风的条件下最易发生赤潮。由此可见,海水养殖业的自身污染也使赤潮发生的频率增加。图 9.1 所示为引发赤潮的生物。

图 9.1　引发赤潮的生物

4. 赤潮生物的异地传播

经济的发展促进了海上航运业的繁荣。频繁的国际航运导致了船舶在世界各港口间穿梭,而这些船舶在各港口不断地纳入和排放压舱水,导致大量海水不停地被转移到世界各地,从而造成了不同赤潮生物种类的异地传播,使得世界各地新的赤潮种类不断出现。

9.1.3　赤潮的发生过程

赤潮的发生过程,大致可分为起始、发展、维持和消亡四个阶段。

1. 起始阶段

海域内具有一定数量的赤潮生物种(包括营养体或孢囊),并且各种物理、化学条件适宜于某种赤潮生物的生长、繁殖。

2. 发展阶段

发展阶段亦称为赤潮的形成阶段。当海域内的某种赤潮生物种群个体数量达到一定程度,且温度、盐度、光照、营养等外环境达到该赤潮生物生长、增殖的最适范围时,赤潮生物就可进入指数增殖期,就有可能较快地发展成赤潮。

3. 维持阶段

这一阶段的长短,主要取决于水体的物理稳定性和各种营养盐的富有程度,以及当营养盐被大量消耗后补充的速率和补充量。如果此阶段海区风平浪静,水体垂直混合与水平混合较差,水团相对稳定,且营养盐等又能及时得到必要的补充,则赤潮就可能持续较长时间;反之,若遇台风、阴雨,水体稳定性差或营养盐被消耗殆尽且得不到及时补充,那么,赤潮现象就可能很快消失。

4. 消亡阶段

消亡阶段是指赤潮现象消失的过程。消失的原因有刮风、下雨、营养盐消耗殆尽等。也可因温度已超过该赤潮生物的适宜范围,还可因潮流增强,赤潮被扩散等。赤潮消失过程经常是赤潮对渔业危害的最严重阶段。

发生过程中各阶段的主要物理、化学和生物控制因素见表 9.1。

表 9.1　赤潮长消过程中各阶段的主要物理、化学和生物控制因素

赤潮阶段	物理因素	化学因素	生物因素
起始阶段	底部湍流、上升流底层水体温度、水体垂直混合	营养盐、微量元素、赤潮生物生长促进剂	赤潮"种子"群落、动物摄食、物种间的竞争
发展阶段	水温、盐度、光照等	营养盐和微量元素	赤潮生物种群缺少摄食者和竞争者
维持阶段	水体稳定性(风、潮汐、辐合、辐散、温盐跃层、淡水注入)	营养盐或微量元素限制	过量吸收的营养盐和微量元素、溶胞作用、聚结作用、垂直迁移和扩散
消亡阶段	水体水平和垂直混合	营养盐耗尽、产生有毒物质	沉降作用、被摄食分解、孢束形成、物种间的竞争

9.1.4　赤潮生物

赤潮生物(图 9.2)是指能够大量繁殖并引发赤潮的生物。它们包括浮游生物、原生动物和细菌等,其中有毒、有害赤潮生物以甲藻居多,其次为硅藻、蓝藻、金藻、隐藻和原生动物等。所谓海洋浮游生物,是指缺乏发达的运动器官,没有或仅有微弱的游泳能力而悬浮在水层中常随水流移动的一类海洋生物。其中,能通过自身光合作用使海水中的无机化合物转化成生物新陈代谢所需有机化合物者,称为浮游植物;不具备这种能力,即必须以浮游植物为饵者则称为浮游动物。

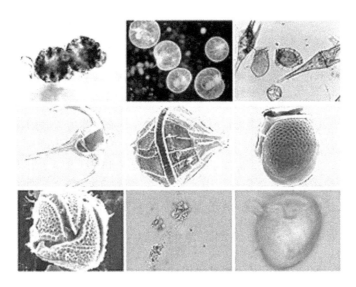

图 9.2　种类繁多的赤潮生物

国内外大量研究表明,海洋浮游藻是引发赤潮的主要生物,在全世界 4000 多种海洋浮游藻中有 260 多种能形成赤潮,其中有 70 多种能产生毒素。它们分泌的毒素有些可直接导致海洋生物大量死亡,有些甚至可以通过食物链传递,造成人类食物中毒。这些赤潮生物具有如下特点。

1. 适应性

赤潮生物可发展为能适应不同环境并与其他生物竞争生存环境。如通过垂直迁移,优先争夺阳光和无机营养或能在不良环境下将孢囊沉积于底泥中,当环境适宜时就迅速萌发形成占优势的细胞群。

2. 扩展性

赤潮生物能借助水流运动、洋流输送、远洋货轮压舱水的携带,跨流域地传播到原本没有这些物种的海域中,甚至可到达内陆湖泊和河流中,填充到空缺的生态位中,由于营养丰富且缺乏竞争者,从而可大量繁殖,其数量之多甚至可在短期内令海水变色而爆发赤潮。

3. 灾难性

大约有三分之一的微藻类赤潮生物能产生毒素,影响其他生物生长,密集的赤潮生物或其胞外物质还能堵塞鱼虾类的鳃使之窒息致死,赤潮生物尸体分解能产生硫化氢,危及海洋生物生存。如果爆发赤潮还会使好氧性细菌大量繁殖,造成水体缺氧,水生生物大量死亡,水体水质恶化。赤潮生物有很强的生命力,赤潮生物的大量繁殖给水生生物带来了灾难。

9.2　赤潮的危害

9.2.1　赤潮对海洋生态平衡的破坏

海洋是一种生物与环境、生物与生物之间相互依存、相互制约的复杂生态系统。系统中的物质循环、能量流动处于相对稳定的动态平衡中。当赤潮发生时,这种平衡遭到破坏。在植物性赤潮发生初期,由于植物的光合作用,水体会出现高叶绿素 a、高溶解氧、高化学耗氧量。这种环境因素的改变,致使一些海洋生物不能正常生长、发育、繁殖,导致一些生物逃避甚至死亡,从而破坏了原有的生态平衡。

9.2.2　赤潮对海洋渔业和水产资源的破坏

赤潮破坏鱼、虾、贝类等资源的主要原因如下。

(1)破坏渔场的饵料结构,造成渔业减产。

(2)赤潮生物异常发育繁殖,大量赤潮生物聚集于鱼类的鳃部,使鱼类因缺氧而窒息死亡。

(3)赤潮后期,赤潮生物大量死亡,在细菌分解作用下,可造成环境严重缺氧或者产生硫化氢等有害物质,使海洋生物缺氧或中毒死亡。同时还会释放出大量有害气体和毒素,严重污染海洋环境,使海洋的正常生态系统遭到严重的破坏。

(4)有些赤潮生物的体内或代谢产物中含有生物毒素,能直接毒死鱼、虾、贝类等生物。

赤潮发生后,除海水变成红色外,海水的 pH 值也会升高,黏稠度增加,非赤潮藻类的浮游生物会死亡、衰减,赤潮藻也因爆发性增殖、过度聚集而大量死亡。

9.2.3　赤潮对人类健康的危害

有些赤潮生物分泌赤潮毒素,当鱼、贝类处于有毒赤潮区域时,摄食这些有毒生物,虽不能被毒死,但生物毒素可在体内积累,其含量大大超过人体可接受的食用水平。这些鱼虾、贝类如果不慎被人食用,就可引起人体中毒,严重时可导致死亡。由赤潮引发的赤潮毒素统称贝毒,目前确定的贝毒有 10 余种,其毒素比眼镜蛇毒素高 80 倍,比一般的麻醉剂,如普鲁卡因、可卡因强 10 万多倍。贝毒中毒症状为:初期唇舌麻木,发展到四肢麻木,并伴有头晕、恶心、胸闷、站立不稳、腹痛、呕吐等,严重者出现昏迷,呼吸困难。赤潮毒素引起人体中毒事件在世界沿海地区时有发生。据统计,全世界因赤潮毒素的贝类中毒事件约 300 多起,死亡 300 多人。

9.2.4　我国近年赤潮发生情况

我国最早的赤潮报道是 1933 年原浙江水产实验场费鸿年记录的发生在浙江镇

海至台州到石浦一带的夜光藻和骨条藻赤潮。根据我国海洋环境质量通报、中国海洋灾情公报等有关文献,1952—1998 年,我国共发生了 322 次赤潮(不包括香港和台湾),各海区赤潮发生的情况如图 9.3 所示。我国有害赤潮的发生有以下趋势。

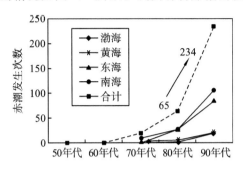

图 9.3　20 世纪我国各海区赤潮发生的情况

　　自 20 世纪 70 年代开始,赤潮的发生以每 10 年增加 3 倍的速度不断上升。赤潮的高发区为南海、长江口和渤海。这可能是因为随着我国工农业发展,沿海城市人口增加,环境污染和富营养化加剧,另外,也可能与人们对赤潮等环境问题关注度增强和监测力度增强有关。

　　赤潮的规模不断扩大,危害程度日益增加。1972 年以来,由于赤潮造成的经济损失每年高达 10 亿元以上,有些特大赤潮,一次就能造成几亿元的经济损失,并能影响到几千平方公里的海域,如 1998—2000 年连续三年,在渤海、东海发生了面积达到几千平方公里的特大赤潮,世界罕见。1980—2000 年,造成严重经济损失的赤潮情况见表 9.2。

表 9.2　我国 1980—2000 年沿海危害较严重的赤潮事件

发生时间	发生区域	危害面积 /平方公里	赤潮生物	危害和经济损失
1980.5.17— 1980.5.23	广东湛江港内湾	—	菱软几内亚藻	海面漂浮死鱼,造成渔业减产
1980.9	香港吐露港	—	—	致死鱼类和无脊椎动物并影响该地区的旅游业
1981.9.28— 1981.9.29	福建闽东三沙海区	—	夜光藻	几千亩养殖牡蛎死亡,引起海带配子体和幼苗孢子病变,导致幼苗溃烂死亡
1983.4	广州大鹏湾和大亚湾	—	细长翼根管藻	导致鱼、虾、贝类大量死亡,仅附近的高阳县就失收 75 吨鱼货,网箱养殖的鱼类死亡达 1 吨

发生时间	发生区域	危害面积/平方公里	赤潮生物	危害和经济损失
1986.5.24— 1986.5.26	浙江中部沿海	700	角藻、夜光藻	海洋生态系统受到严重破坏
1987.6.3— 1987.7.14	长江口外海域	约1000	中肋骨条藻	海洋生态系统受到严重破坏
1987年夏季	香港水域	大片海域	—	致死鱼类达120吨
1987.8.14	浙江枸杞海域	大片海域	夜光藻	海湾扇贝大量死亡,未分笼养殖的大小鲶鱼全部死亡,岩礁上的部分扇贝也有死亡
1988.2— 1988.5	香港吐露港	—	多纹膝沟藻	赤潮持续3个半月,出现3次死鱼和2次死贝,其中5月5日最为严重,死鱼35吨,直接经济损失达700万港币
1988.6.13— 1988.6.17	长江口外海域	1400	夜光藻	海洋生态系统受到严重破坏
1988.7.17	长江口外海域	1700	夜光藻	海洋生态系统受到严重破坏
1989.8— 1989.9	河北省黄骅沿岸海域	涉及沿海7个县市	甲藻类	经济损失达2亿元
1990.5	浙江东部海域	7000	—	大量鱼、虾、贝死亡
1991.3.20	南海大鹏湾盐田海域	3000	海洋卡盾藻	海面出现死鱼,水产养殖基地及个体养殖户几十万尾鱼死亡
1998.3— 1998.4	粤港海域,自香港西贡海面向西至吉澳、贝澳、塔门、深湾、南丫岛到广州等	特大面积	裸甲藻	造成大量鱼苗及养殖鱼死亡,其中包括名贵鱼种石斑鱼等,损失达上亿元
1998.8— 1998.9	烟台四十里湾扇贝养殖区	大面积	红色裸甲藻	由于严重缺氧,下层笼养扇贝、底栖生活的海参和鲍鱼大量死亡,少数基地鱼类也窒息死亡
1998.9.18— 1998.9.30	锦州湾东部	3000	叉角藻	—

发生时间	发生区域	危害面积/平方公里	赤潮生物	危害和经济损失
1998.10.3	天津新港外 2 公里处	800	膝沟藻、叉角藻	—
1999.7	河北省沧州市歧口附近海域、老黄河口附近海域	约 2000	—	—
2000.5	东海舟山群岛海域	约 7000	原甲藻	—
2000.7	辽东湾	350~850	—	1 亿海鱼死亡
2000.8	辽宁省沿海	1000	—	—

＊资料来自中国海洋环境质量通报、中国海洋灾情公报、《中国海洋》报及有关文献

比较我国沿海 4 个海区赤潮发生频次可以看出：南部海区发生赤潮的频次明显高于北部海区，从 20 世纪 50 年代到 90 年代，南海共记录了 145 次，占赤潮总频次的45％；东海区记录了 118 次，占记录总数的 36.6％；黄海区记录了 32 次，占记录总数的 10％；渤海区记录了 27 次，仅占赤潮总数的 8.4％。这表明赤潮发生的频次有从北到南递增的分布趋势。但另外值得注意的是，从南到北赤潮的规模则有不断扩大的趋势，1998—2000 年连续三年，国际上罕见的面积达到几千平方公里的特大赤潮都发生在渤海和东海。

1. 2001 年赤潮灾害情况

2001 年，我国赤潮灾害严重，造成经济损失约 10 亿元，并对海洋生态环境产生了巨大影响。海域赤潮发生次数增多，发生时间提前，影响范围扩大。全年共发现赤潮 77 次，累计面积达 15000 平方公里。各海区中，渤海发现赤潮 20 次，黄海发现 8次，东海发现 34 次，南海发现 15 次。沿海省（自治区、直辖市）赤潮发现次数分别为：辽宁 17 次、河北 2 次、天津 2 次、山东 3 次、江苏 4 次、浙江 26 次、上海 2 次、福建 6次、广东 14 次、海南 1 次，如图 9.4 所示。

5 月中下旬在长江口外及浙江附近海域连续发生大面积赤潮，给海水养殖业造成了严重危害，仅舟山市就有 330 公顷养殖水域受到赤潮严重影响，其中约 33 公顷绝收，直接经济损失超过 3000 万元；6 月，福建沙埕发生一次小面积的有毒赤潮，造成鱼类死亡，直接经济损失约 200 万元。

2. 2002 年赤潮灾害情况

2002 年我国海域共发现赤潮 79 次，其中渤海 13 次，黄海 4 次，东海 51 次，南海11 次，累计面积超过 10000 平方公里，直接经济损失 2300 万元。沿海各省市赤潮发现次数见图 9.5。

2002 年赤潮发现次数与 2001 年相比，东海增加 17 次，渤海减少 7 次，黄海减少

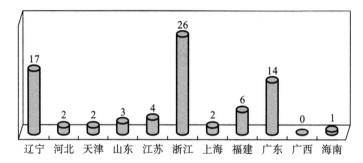

图 9.4　2001 年沿海省(自治区、直辖市)赤潮发现次数

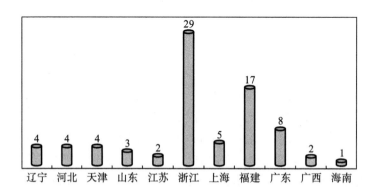

图 9.5　2002 年沿海各省市赤潮发现次数统计图

4 次,南海减少 4 次。赤潮造成的灾害损失显著降低,但有毒赤潮的发现次数略有增加。

3. 2003 年赤潮灾害情况

2003 年全海域共发现赤潮 119 次,累计面积约 14550 平方公里。其中,在赤潮监控区内发现赤潮 36 次,累计面积近 1500 平方公里。2003 年赤潮情况见表 9.3。

表 9.3　2003 年各海区赤潮发生情况对比

海　　区	赤潮发生次数	累计发生面积/平方公里
黄海	5	410
渤海	12	460
东海	86	12990
南海	16	690
合计	119	14550

2003 年赤潮发生的主要特点:时段长、高发期集中、持续时间延长,全年 12 个月均有赤潮发生,黄海、渤海赤潮主要集中在夏季,高发期在 7—8 月;东海从春末至秋末均有赤潮发生,高发期在 5—9 月;南海赤潮四季均有发生,但 5—9 月为高发期。长江口及浙江近岸和近海海域从 4 月中旬至 7 月初发生赤潮近 40 次,且持续时间

长,最长一次赤潮过程持续 35 天。

大面积赤潮增加、区域集中,全海域共发生 100 平方公里以上的赤潮 27 次。其中,500 平方公里以上的赤潮 8 次,大面积赤潮仍集中在长江口和浙江沿海,累计面积超过 10000 平方公里。东海赤潮发生次数和累计面积分别约占全海域的 72% 和 89%。

4. 2004 年赤潮灾害情况

2004 年我国海域共发现赤潮 96 次,其中渤海 12 次,黄海 13 次,东海 53 次,南海 18 次,累计面积约 26630 平方公里,较上年增加约 12080 平方公里。有毒赤潮生物引发的赤潮 20 余次,面积约 7000 平方公里。主要有毒赤潮生物为米氏凯伦藻、棕囊藻等。2004 年,全海域发现赤潮的次数较上年减少,面积增加,赤潮未对海水养殖业造成明显影响,有毒赤潮未对水产养殖造成影响,经济损失较上年明显减少。

5. 2005 年赤潮灾害情况

2005 年我国海域共发现赤潮 82 次,其中渤海 9 次,黄海 13 次,东海 51 次,南海 9 次,累计面积约 27070 平方公里,直接经济损失 6900 万元。含有毒藻种的赤潮共 38 次,面积近 15000 平方公里。主要有毒赤潮生物为米氏凯伦藻、棕囊藻等。

6. 2006 年赤潮灾害情况

2006 年我国海域共发现赤潮 93 次,其中渤海 11 次,黄海 2 次,东海 63 次,南海 17 次(图 9.6),累计面积约 19840 平方公里(图 9.7)。有毒赤潮生物引发的赤潮为 41 次,面积约 14970 平方公里。主要有毒赤潮生物为米氏凯伦藻、棕囊藻和多环旋沟藻等。

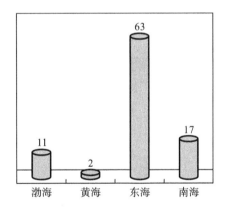

图 9.6　2006 年各海区赤潮发现次数

2006 年发现赤潮次数与上年相比多 11 次,但累计面积比上年有所减少。各海区发现赤潮次数与上年相比分别是,渤海多 2 次,黄海少 11 次,东海多 12 次,南海多 8 次。全海域共发生 100 平方公里以上的赤潮 31 次,累计面积 18540 平方公里,分别占赤潮发生次数和累计面积的 33% 和 93%,其中,面积超过 1000 平方公里的赤潮为 7 次,较上年减少 2 次,累计面积减少 51%。赤潮高发区集中在东海海域,赤潮发

单位：平方公里

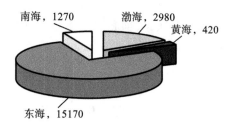

图 9.7　2006 年各海区赤潮面积统计

生次数和累计发生面积分别占全海域的 68% 和 76%。2006 年,我国海域引发赤潮
的生物种类主要为具有毒害作用的米氏凯伦藻、棕囊藻和无毒性的中肋骨条藻、具齿
原甲藻、夜光藻等,多次赤潮是由两种或两种以上赤潮生物共同形成的。有毒赤潮生
物引发或协同引发的赤潮 41 次,累计面积约为 14970 平方公里,占全年赤潮累计发
生次数和面积的 44% 和 75%,与上年基本一致。

7. 2007 年赤潮灾害情况

2007 年我国海域共发现赤潮 82 次,其中渤海 7 次,黄海 5 次,东海 60 次,南海
10 次(图 9.8),累计面积约为 11610 平方公里(图 9.9),直接经济损失 600 万元。其
中有毒赤潮生物引发的赤潮为 25 次,面积约 1906 平方公里。

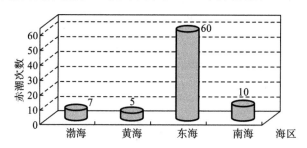

图 9.8　2007 年各海区赤潮发现次数

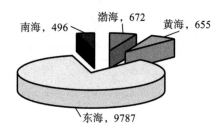

图 9.9　2007 年各海区赤潮面积统计

发现赤潮次数与上年相比减少 11 次,累计面积比上年减少 8230 平方公里。各
海区发现赤潮次数较上年相比分别是,渤海减少 4 次,黄海增加 3 次,东海减少 3 次,

南海减少 7 次。

2007 年全海域赤潮与去年相比，次数下降，累计面积大幅度减少。东海仍为我国赤潮的高发区，较大面积赤潮集中在浙江沿海海域。2007 年上半年共发现赤潮 46 次，占全年的 56.1%；赤潮累计面积约 3760 平方公里，占全年的 32.4%。引发赤潮的生物种类主要为具有毒害作用的棕囊藻、米氏凯伦藻、多环旋沟藻等和无毒性的中肋骨条藻、具刺膝沟藻等，一些赤潮是由两种或两种以上赤潮生物共同形成。

8. 2008 年赤潮灾害情况

2008 年，全海域共发生赤潮 68 次，累计面积 13738 平方公里，与上年相比，赤潮发生次数减少 14 次，赤潮累计面积增加 2128 平方公里。东海仍为我国赤潮的高发区，其赤潮发生次数和累计面积分别占全海域的 69% 和 88%。

赤潮监控区及毗邻海域发生赤潮 25 次，累计面积约为 5900 平方公里，分别占全海域赤潮发生次数和累计面积的 37% 和 43%。2007 年和 2008 年我国赤潮发生情况对比见表 9.4。

表 9.4　2007 年、2008 年全国各海区赤潮发生情况对比

海区	赤潮发生次数		累计发生面积/平方公里	
	2007 年	2008 年	2007 年	2008 年
渤海	7	1	672	30
黄海	5	12	655	1578
东海	60	47	9787	12070
南海	10	8	496	60
合计	82	68	11610	13738

2008 年，全海域共发生 500 平方公里以上的大面积和较大面积赤潮 9 次，大多数集中在浙江近岸、近海和长江口外海域，累计面积 9750 平方公里，占全海域累计面积的 71%。

2008 年，引发我国海域赤潮的优势生物种类主要为无毒性的具齿原甲藻（东海原甲藻）、中肋骨条藻、夜光藻和对养殖生物有毒害作用的米氏凯伦藻、血红哈卡藻、卡盾藻等，一些赤潮由两种或两种以上生物共同引发。其中，具齿原甲藻作为第一优势种引发的赤潮 22 次，累计面积 8320 平方公里；由中肋骨条藻作为第一优势种引发的赤潮 10 次，累计面积 1372 平方公里；由夜光藻作为第一优势种引发的赤潮 5 次，累计面积 695 平方公里。这三种优势种引发的赤潮分别占赤潮总次数的 54.4% 和累计面积的 75.7%。有毒、有害赤潮生物引发的赤潮 11 次，累计面积约 610 平方公里，分别占赤潮发生次数和累计面积的 16% 和 4%，比上年度分别减少 15% 和 12%。图 9.10 为赤潮发生的次数与面积。

9. 2009 年赤潮灾害情况

2009 年，全海域共发现赤潮 68 次，累计面积约为 14100 平方公里，造成直接经

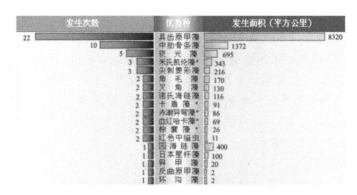

图 9.10　2008 年赤潮优势种引发的赤潮次数与面积

＊为有毒、有害赤潮生物

济损失 0.65 亿元。与上年赤潮发现次数相同,累计面积基本持平。其中,500 平方公里以上的大面积和较大面积赤潮 6 次,分别发生在渤海湾、长江口外浙江舟山北部、浙江中部渔山列岛与台州列岛海域和黄海的山东日照与海阳及乳山附近海域,累计面积为 9120 平方公里。

其中,渤海 4 次,累计面积为 5279 平方公里;黄海 13 次,累计面积为 1878 平方公里;东海 43 次,累计面积为 6554 平方公里;南海 8 次,累计面积为 391 平方公里。

2009 年赤潮多发期为 4 月至 8 月(图 9.11),高发区为东海(发生次数和累计面积分别占全海域的 63.2％和 46.5％),大面积赤潮主要发生在渤海湾和浙江沿海海域。有毒赤潮共发生 11 次,占全海域的 16.2％。引发赤潮的生物种类主要为夜光藻、中肋骨条藻、赤潮异弯藻、米氏凯伦藻等,一些赤潮是由两种或两种以上赤潮生物共同形成的。

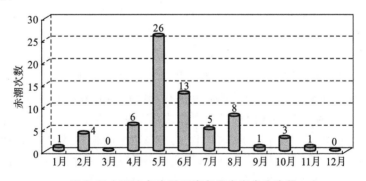

图 9.11　2009 年中国近海各月赤潮发生次数

与 2001 年至 2008 年年均次数和年均面积相比,2009 年全海域赤潮发生次数偏少,累计面积变化不大。渤海、黄海赤潮发生次数略有减少,但累计面积大幅度增加。东海赤潮发生次数和累计面积均有所减少。南海赤潮发生次数和累计面积变化不大。

与 2008 年相比,2009 年全海域赤潮发生次数没有变化,累计面积增加 364 平方公里。渤海、黄海赤潮发生次数增加 4 次,累计面积增加 5549 平方公里。东海赤潮发生次数减少 4 次,累计面积减少 5516 平方公里。南海赤潮发生次数与 2008 年持平,累计面积增加 331 平方公里。

2009 年面积为 100 平方公里以上的赤潮共发生 20 次,累计面积为 12940 平方公里,分别占全海域赤潮发生次数和累计面积的 29.4% 和 91.8%。其中面积 1000 平方公里以上的赤潮发生 3 次,累计面积为 7290 平方公里。具体见表 9.5。

表 9.5 2009 年我国沿海面积 100 平方公里以上的赤潮

起止时间	影响区域	最大面积/平方公里	赤潮优势种
4.9	长江口海域	100	—
4.28	台州外侧海域	700	裸甲藻 *Gymnodinium*
5.2—5.7	渔山列岛至台州列岛海域	1330	—
5.7—5.12	山东日照附近海域	580	夜光藻 *Noctiluca scintillans*
5.7—5.12	温州苍南大渔湾海域	200	东海原甲藻 *Prorocentrum donghaiense*
5.10	舟山北部海域	360	—
5.16—5.18	台湾海峡东碇岛以东海域	200	夜光藻 *Noctiluca scintillans*
5.19—5.30	长江口外、舟山北部海域	1500	—
5.26—6.1	山东海阳至乳山附近海域	550	夜光藻 *Noctiluca scintillans*
5.26—6.1	河北昌黎新开口附近海域	460	夜光藻 *Noctiluca scintillans*
5.31—6.13	渤海湾附近海域	4460	赤潮异弯藻 *Heterosigm akashiwo*
6.4	舟山北部海域	400	—
6.11	江苏南通外海海域	350	—

续表

起止时间	影响区域	最大面积 /平方公里	赤潮优势种
6.17—6.22	舟山朱家尖岛以东海域	310	中肋骨条藻和旋链角毛藻 *Skeletonema costatum*、 *Chaetoceros curvisetus*
6.17—6.22	嵊山西南海域	230	中肋骨条藻和旋链角毛藻 *Skeletonema costatum*、 *Chaetoceros curvisetus*
7.18—7.23	连云港市东西连岛及 拦海大堤东北海域	210	米氏凯伦藻 *Karenia mikimoto*
7.27	舟山岛东部海域	300	—
8.1—8.3	天津港航道以北至 汉沽近岸海域	300	中肋骨条藻 *Skeletonema costatum*
8.4—8.5	舟山朱家尖东部海域	120	棱角藻 *Ceratium fusus*
10.27—11.9	珠海市淇澳岛附近海域	280	多环旋沟藻、红色裸甲藻和中肋骨条藻 *Cochlodinium polykrikoides*、 *Gymnodinium sanguineu*、 *Skeletonema costatum*

10. 2010 年赤潮灾害情况

2010 年中国沿海共发生赤潮 69 次,累计面积 10892 平方公里。其中,渤海 7 次,累计面积 3560 平方公里;黄海 9 次,累计面积 735 平方公里;东海 39 次,累计面积 6374 平方公里;南海 14 次,累计面积 223 平方公里。2010 年赤潮灾害造成直接经济损失约为 2.06 亿元,其中河北省损失最大,为 2.05 亿元,占全部损失的 99.5%。

2010 年赤潮多发期为 5 月至 9 月(图 9.12),高发区为东海(发生次数和累计面积分别占全海域的 56.5% 和 58.5%),大面积赤潮主要发生在渤海西部海域、浙江和福建沿海。2010 年全海域赤潮中,有优势种记录的赤潮 66 次,引发赤潮的生物种类主要为东海原甲藻、夜光藻、中肋骨条藻和米氏凯伦藻等,一些赤潮是由两种或两种以上赤潮生物共同形成的。

与 2009 年相比,2010 年全海域赤潮发生次数增加 1 次,累计面积减少了 3200 平方公里。其中,渤海赤潮发生次数增加 3 次,累计面积减少了 1720 平方公里;黄海赤潮发生次数减少 4 次,累计面积减少了 1140 平方公里;东海赤潮发生次数减少 4 次,累计面积减少了 180 平方公里;南海赤潮发生次数增加 6 次,累计面积减少了 170 平方公里。沿海各省(自治区、直辖市)赤潮灾害损失见表 9.6。

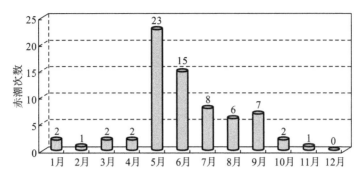

图 9.12　中国沿海 2010 年各月赤潮发生次数

表 9.6　2010 年赤潮灾害损失统计

省份	发生时间	发生海域	最大面积 /平方公里	赤潮优势种	直接经济 损失/万元
河北省	7.24—7.30	秦皇岛北戴河至抚宁沿海海域	20	红色中缢虫	500
	5—6	秦皇岛昌黎沿海海域	—	—	20000
浙江省	5.6—5.29	台州大陈海域	30	东海原甲藻	68.70
福建省	6.13—6.16	泉州市深沪湾海域	7	米氏凯伦藻	4
合计	—		57		20572.70

　　2010 年面积为 100 平方公里以上的赤潮共发生 20 次,累计面积为 9975 平方公里,分别占全海域赤潮发生次数和累计面积的 28.99% 和 91.58%。其中面积 1000 平方公里以上的赤潮 2 次,累计面积为 4390 平方公里。

　　2010 年中国沿海面积 100 平方公里以上的赤潮见表 9.7。

表 9.7　2010 年中国沿海面积 100 平方公里以上的赤潮

起止时间	影响区域	最大面积 /平方公里	赤潮优势种
4.15	江苏省连云港海州湾海域	120	—
5.1—5.10	福建省长乐至平潭沿岸海域	620	东海原甲藻、夜光藻 *Prorocentrum donghaiense*、 *Noctiluca scintillans*
5.2	广西北部湾海域	150	
5.4—5.21	浙江省苍南大渔湾附近海域	400	东海原甲藻 *Prorocentrum donghaiense*
5.4—5.26	福建省福宁湾、大嵛山、 四礵列岛、西洋岛海域	925	东海原甲藻 *Prorocentrum donghaiense*

续表

起止时间	影响区域	最大面积 /平方公里	赤潮优势种
5.5—5.13	福建省莆田南日岛海域	600	东海原甲藻 *Prorocentrum donghaiense*
5.11—6.1	浙江省玉环东部海域	110	东海原甲藻 *Prorocentrum donghaiense*
5.14—5.27	浙江省舟山朱家尖东部海域	1040	东海原甲藻 *Prorocentrum donghaiense*
5.20—5.29	浙江省南麂附近海域	100	东海原甲藻 *Prorocentrum donghaiense*
5.26—6.10	浙江省苍南海域	100	东海原甲藻 *Prorocentrum donghaiense*
5.30—6.1	浙江省舟山以南海域	880	—
5.30—6.7	江苏省启东以东海域	400	中肋骨条藻 *Skeletonema costatum*
6.1—6.9	福建省福鼎牛栏岗海水浴场 至霞浦大京海水浴场	180	东海原甲藻 *Prorocentrum donghaiense*
6.3—6.12	天津港锚地附近海域	140	夜光藻 *Noctiluca scintillans*
6.7—6.13	福建省连江同心湾、 大建湾、黄岐湾海域	150	东海原甲藻 *Prorocentrum donghaiense*
6.8—6.11	浙江舟山泗礁岛东北部海域	300	中肋骨条藻 *Skeletonema costatum*
6.24—7.12	辽宁省绥中至河北省 秦皇岛沿岸海域	3350	—
7.5—7.7	江苏省连云港海州湾海域	100	链状裸甲藻 *Gymnodinium catenatum*
7.21—7.25	浙江省象山港海域	120	旋链角毛藻、红色中缢虫 *Chaetoceros curvisetus*、*Mesodinium rubrum*
8.4—8.9	浙江省象山港海域	190	红色中缢虫、旋链角毛藻 *Mesodinium rubrum*、*Chaetoceros curvisetus*

11. 2011 年赤潮灾害情况

2011 年 1 月至 6 月,我国管辖海域共发现赤潮 24 次,累计发生面积约 982 平方公里,发现绿潮 1 次。其中:渤海发生赤潮 3 次,累计面积 200 平方公里;黄海发生赤潮 1 次,累计面积 20 平方公里;东海发生赤潮 14 次,累计面积 721 平方公里;南海发生赤潮 6 次,累计面积 41 平方公里。

由此可见,我国的赤潮问题已不容忽视,赤潮在我国造成的各方面影响已相当严重,威胁着沿海海洋经济的持续发展和社会安定。

9.3　赤潮的预防与监测

为保护海洋资源环境,保证海水养殖业的发展,维护人类的健康,应避免和减少赤潮灾害,结合实际情况,对预防赤潮灾害采取相应的措施及对策。

9.3.1　赤潮的预防

1. 控制污水入海量,防止海水富营养化

海水富营养化是形成赤潮的物质基础。携带大量无机物的工业废水及生活污水排放入海是引起海域富营养化的主要原因。我国沿海地区是经济发展的重要基地,人口密集,工农业生产较发达,然而也导致大量的工业废水和生活污水排入海中。据统计,占全国面积不足 5% 的沿海地区每年向海洋排放的工业废水和生活污水近 70 亿吨。随着沿海地区经济的进一步发展,污水入海量还会增加。因此,必须采取有效措施,严格控制工业废水和生活污水向海洋超标排放。按照国家制定的海水标准和海洋环境保护法的要求,对排放入海的工业废水和生活污水要进行严格处理。控制工业废水和生活污水向海洋超标排放,减轻海洋负载,提高海洋的自净能力,应采取如下措施:

(1) 实行排放总量和浓度控制相结合的方法,控制陆源污染物向海洋超标排放,特别是要严格控制含有大量有机物和富营养盐污水的入海量;

(2) 在工业集中和人口密集区域以及排放污水量大的工矿企业,建立污水处理装置,严格按污水排放标准向海洋排放;

(3) 克服污水集中向海洋排放,尤其是经较长时间干旱的纳污河流,在径流突然增大的情况下,采取分期分批排放措施,以减少海水瞬时负荷量。

2. 建立海洋环境监视网络,加强赤潮监视

我国海域辽阔,海岸线漫长,仅凭国家和有关部门力量,对海洋进行全面监视是很难做到的。有必要把目前各主管海洋环境的单位、沿海广大居民、渔业捕捞船、海上生产部门和社会各方面力量组织起来,开展专业和群众相结合的海洋监视活动,扩大监视海洋的覆盖面,及时获取赤潮和与赤潮有密切关系的污染信息。监视网络组织部门可根据工作计划,组织各方面的力量对赤潮进行全面监视。特别是赤潮多发区、近岸水域、海水养殖区和江河入海口水域要进行严密监视,及时获取赤潮信息。一旦发现赤潮和赤潮征兆,监视网络机构可及时通知有关部门,有组织、有计划地进行跟踪监视监测,提出治理措施,以减少赤潮的危害。

3. 加强海洋环境的监测,开展赤潮的预报服务

为将赤潮灾害控制在最小限度,减少损失,必须积极开展赤潮预报服务。众所周知,赤潮发生涉及生物、化学、水文、气象以及海洋地质等众多因素,目前还没有较完善的预报模式适用于赤潮的预报服务。因此,应加强赤潮预报模式的研究,了解赤潮的发生、发展和消衰机理。为全面了解赤潮的发生机制,应该对海洋环境和生态进行全面监测,尤其是赤潮的多发区、海洋污染较严重的海域,要增加监测频率和密度。当有赤潮发生时,应对赤潮进行跟踪监视监测,及时获取资料。在获得大量资料的基础上,对赤潮的形成机制进行研究分析,提出预报模式,开展赤潮预报服务。加强海洋环境和生态监测:一是为研究和预报赤潮的形成机制提供资料;二是为开展赤潮治理工作提供实时资料;三是便于更好地提出预防对策和措施。

4. 科学、合理地开发利用海洋

调查资料表明,近几年赤潮多发生于沿岸排污口,海洋环境条件较差、潮流较弱、水体交换能力较弱的海区,而海洋环境状况的恶化,又是由于沿岸工业、海岸工程、盐业、养殖业和海洋油气开发等行业没有统筹安排,布局不合理造成的。为避免和减少赤潮灾害的发生,应开展海洋功能区规划工作,从全局出发,科学指导海洋开发和利用。对重点海域要作出开发规划,减少盲目性,做到积极保护、科学管理、全面规划、综合开发。另外,海水养殖业应积极推广科学养殖技术,加强养殖业的科学管理,控制养殖废水的排放,保持养殖水质处于良好状态。

5. 搞好社会教育和宣传

赤潮一旦发生,其后果相当严重。因此,要经常通过报刊、广播、电视、网络等各种新闻媒介,向全社会广泛开展关于赤潮的科普宣传,通过宣传教育,增强抗灾防灾意识。同时也呼吁社会各方面在全面开发海洋的同时,高度重视海洋环境的保护,提高全民保护海洋的意识。只有保护好海洋,才能不断地向海洋索取财富;反之,将会带来不可估量的损失。

随着社会的发展,环境受到的破坏越来越巨大,赤潮只是大自然向人类发出警告的一部分,如果我们在经济发展时更加注重环境保护,像赤潮这种大规模灾害事件就会得到有效的遏制。

9.3.2　赤潮的监测

对赤潮预测预报是减轻赤潮危害的一项非常重要的工作。但是,由于发生赤潮的原因和机制尚未完全了解,还需要进行许多基础研究,因此迄今还没有一个普遍适用的赤潮预报模式。下面介绍几项预报的依据。

1. 根据水化特征预测

由于海域的富营养化是发生赤潮的物质基础,因此,一切能反映海域富营养化的指标在赤潮预报中都是有用的。目前已提出了一些以氮、磷、化学耗氧量等参数组成的富营养化程度判断公式。除了藻类生长所必需的基本无机营养盐外,还应特别注意那些具有促进赤潮发生的微量物质的量,其中最受重视的是 Fe 和 Mn。因为很多现场和室内实验都已证实 Fe、Mn 对赤潮生物生长的刺激作用。最近,日本东京水产大学等研究单位提出利用硒(Se)含量变化预测赤潮的发生,因为赤潮发生之前,随着浮游植物的增殖,表层海水中 Se 浓度就有所上升,赤潮高峰值时,硒浓度是平时的 3 倍以上。此外,张水浸等人(1994)认为,水体中 pH 值和溶解氧(DO)也可作为预测指标,当 pH 值超过 8.25,DO 的饱和度超过 110% 时,有可能在未来几天内发生赤潮。

2. 根据水温、盐度和气象条件预测

很多赤潮事例表明:海区表层水温在短时间内会急剧上升且有成层现象;在河口、内湾因降雨或河流径流量增大而引起的盐度变化常可诱发赤潮。因此,可根据海区出现的上述异常现象来预测赤潮发生的可能性,日本学者曾应用过这种方法并有一定的效果。例如,兵库县的明石发生 Chattonella 赤潮的年份往往与 5 月份的水温变动量(TD 值)和盐度变动量(SD 值)有关。有的学者认为,可对观测水温进行累积来预测赤潮发生的时间。

气象条件包括风、气压等因素,很多赤潮事例表明,当其他条件具备时,若天气形势发展比较稳定,海区风平浪静,阳光充足、闷热,就有可能发生赤潮。

3. 根据生物学特征预测

1)赤潮生物的增殖速度

跟踪海区中各种赤潮生物的增殖情况,就可能在赤潮发生的起始阶段预测赤潮可能发生的时间。

2)叶绿素 a 的变化

叶绿素 a 是藻类细胞生物量的一个指标,也是海区富营养化程度的一项指标。一般认为,当监测中发现叶绿素 a 含量超过 10 mg/m³ 并有继续增高的趋势时,就预示赤潮可能即将出现。目前大面积测定叶绿素 a 和水色的卫星和航空遥感技术已开始实际应用,这将大大推进赤潮预测预报的进展。

3)"种子场"的调查

赤潮生物在不利环境条件下会形成休眠孢子或孢囊沉于海底,待环境条件适宜时萌发并大量增殖。因此,若能查清赤潮生物孢囊(范围、种类、数量)并了解其萌发条件,也有助于赤潮的预测预报。

此外,还有一些其他的预测依据,例如,以海区细菌类别及数量变化、赤潮藻类的光合活性等来作为赤潮预测的方法。应当强调的是,在实际工作中对上述几种预测赤潮的依据应尽可能考虑多项目连续跟踪和综合性分析判断,以获得较为准确的预测预报效果。

9.4　赤潮的治理方法

关于赤潮的治理方法,据报道已有多种,如工程物理方法、化学方法以及生物学的方法。目前治理赤潮的方法主要有如下几种。

1. 物理法

目前国际上公认的一种方法是撒播粘土法。利用粘土微粒对赤潮生物的絮凝作用去除赤潮生物,撒播粘土浓度达到 1000 mg/L 时,赤潮藻去除率可达到 65% 左右。有报道称,在小型实验场去除率可达 95%~99%。20 世纪 80 年代初,日本在鹿儿岛海面上进行过具有一定规模的撒播粘土治理赤潮的实验。1996 年韩国曾用 6×10^4 吨粘土制剂治理 100 平方公里海域赤潮。

2. 化学除藻法

化学除藻法是利用化学药剂控制赤潮生物的方法,具有见效快的特点。最早使用的化学药剂是硫酸铜,硫酸铜易溶于水,在使用过程中极易造成局部浓度过高而危害渔业,同时在海水的波动下迁移转化太快,药效的持久性差,也易引起铜的二次污染。有机化合物在淡水除藻中具有药力持续时间长、对非赤潮生物影响小等优点,用有机化合物杀灭和去除赤潮生物也已有相关的报道。目前已有多种化学制剂用于赤潮生物治理的实验研究,如硫酸铜和缓释铜离子除藻剂、臭氧、二氧化氯以及新洁尔灭、碘伏、异噻唑啉酮等有机除藻剂。

3. 生物学方法

生物学方法治理赤潮主要包括三个方面:一是以鱼类控制藻类的生长;二是以水生高等植物控制水体富营养盐以及藻类;三是以微生物来控制藻类的生长。其中,微生物因易于繁殖,可能是生物控藻最有前途的一种方式。这些杀藻微生物主要包括细菌(溶藻细菌)、病毒(噬菌体)、原生动物、真菌和放线菌等五类。

第 10 章　天然气水合物

10.1　天然气水合物概述

10.1.1　天然气水合物的结构

天然气水合物(natural gas hydrate,简称 gas hydrate)又称可燃冰、固体瓦斯、气冰、笼形包合物(clathrate),是深海沉积物中由天然气与水在高压低温条件下形成的冰状的结晶物质,其分子结构式为 $CH_4 \cdot 8H_2O$。它是一种结晶型水合物,每单位晶胞内有两个十二面体(20 个端点,因此有 20 个水分子)和六个十四面体(24 个水分子)的水笼结构,如图 10.1 所示。组成天然气的成分有 CH_4、C_2H_6、C_3H_8、C_4H_{10} 等的同系物,以及 CO_2、N_2、H_2S 等,它们可形成单种或多种天然气水合物。

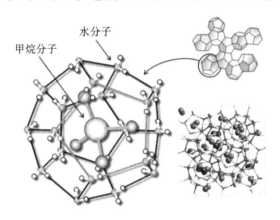

甲烷分子　水分子

图 10.1　天然气水合物结构图

天然气水合物的形成必须具备三个基本条件:温度、压力和原材料。首先,天然气水合物可在 0 ℃以上生成,但超过 20 ℃便会分解。海底温度一般保持在 2～4 ℃。其次,天然气水合物在 0 ℃时,只需 30 个大气压即可生成,以海洋的深度,30 个大气压很容易保证,并且气压越大,天然气水合物就越不容易分解。这主要是因为碳的电负性较大,在高压下能吸引与之相近的氢原子形成氢键,构成笼状结构。最后,海底的有机物沉淀中丰富的碳经过生物转化,可产生充足的气源。海底的地层是多孔介质,在温度、压力、气源三者都具备的条件下,天然气水合物晶体就会在介质的空隙中生成。

由于天然气水合物是由水分子和烃类分子组成的笼状结构水合物,所以其密度接近并稍低于冰的密度,其剪切系数、电解常数和热传导率均低于冰,并且具有极强的燃烧力。

10.1.2 天然气水合物的发展前景

天然气水合物被科学家誉为"未来能源""21世纪能源"。天然气水合物中甲烷占80%～99.9%,可直接点燃,燃烧后几乎不产生任何残渣,它对环境的污染比煤、石油、天然气要小得多。1 m³ 天然气水合物可转化为 164 m³ 的天然气和 0.8 m³ 的水。目前,全世界拥有的常规石油、天然气资源,将在 40 年或 50 年后逐渐枯竭。而科学家估计,海底天然气水合物分布的范围约为 4000 万平方公里,占海洋总面积的10%,海底天然气水合物的储量够人类使用 1000 年。天然气水合物之所以具有巨大的开发价值,是因为如下几点。

1. 天然气水合物分布广泛,储藏量大

天然气水合物在世界范围内广泛存在,这一点已得到了广大研究者的公认。在地球上大约有27%的陆地是可以形成天然气水合物的潜在地区,而在世界大洋水域中约有90%的面积也属这样的潜在区域。已发现的天然气水合物主要存在于北极地区的永久冻土区和世界范围内的海底、陆坡、陆基及海沟中。由于采用的标准不同,不同机构对全世界天然气水合物储量的估计值差别很大。据潜在气体联合会估计,永久冻土区天然气水合物资源量为 $1.4 \times 10^{13} \sim 3.4 \times 10^{16}$ m³,包括海洋天然气水合物在内的资源总量为 7.6×10^{18} m³。但是,大多数人认为储存在天然气水合物中的碳至少有 1×10^{13} t,约是当前已探明的所有化石燃料(包括煤、石油和天然气)中碳含量总和的 2 倍。

2. 天然气水合物燃烧值高,是一种高效能源

一般的甲烷水化合物组成为 1 mol 的甲烷及 5.75 mol 的水。1 L 的甲烷水化合物在标准状况下平均包含 168 L 甲烷气体。

3. 天然气水合物清洁无污染

天然气水合物燃烧方程式如下:

$$CH_4 \cdot 8H_2O + 2O_2 = CO_2 + 10H_2O(反应条件为"点燃")$$

可见,天然气水合物燃烧后只剩下二氧化碳和水,这两样物质是不会污染环境的。

4. 使用方便

只需将固体的"天然气水合物"升温减压就可释放出大量的甲烷气体。

10.1.3 天然气水合物开发面临的挑战

水合物的特殊性质注定了对天然气水合物进行开发利用面临着诸多挑战。

1. 天然气水合物开采中的环境问题

天然气水合物的开采会改变天然气水合物赖以赋存的温度、压力,从而容易引起天然气水合物分解。在天然气水合物的开采过程中,如果不能有效地实现对温度、压力条件的控制,就可能产生一系列环境问题,如温室效应的加剧、海洋生态的变化以及海底滑塌事件等。

1)平衡问题

甲烷作为强温室气体,它对大气辐射平衡的贡献仅次于二氧化碳:一方面,全球天然气水合物中储存的甲烷量约是大气圈中甲烷量的 3000 倍;另一方面,天然气水合物分解产生的甲烷进入大气的量即使只有大气甲烷总量的 0.5%,也会造成严重的平衡失调问题(甲烷的温室效应是 CO_2 的 20 余倍,甲烷对温室效应的贡献占到 15%)。因此,甲烷的温室效应是全球气候变暖的重要原因之一。在自然界中,压力和温度的微小变化都会引起天然气水合物分解,并向大气中释放甲烷气体。在开采天然气水合物过程中,如果不能很好地对甲烷气体进行控制,向大气中排放大量甲烷气体,就必然进一步加剧全球的温室效应,极地温度、海水温度和地层温度也将随之升高,这会引起极地永久冻土带之下或海底的天然气水合物自动分解,大气的温室效应也会进一步加剧。如加拿大福特斯洛普天然气水合物层正在融化就是一个例证。

2)生态问题

海洋环境中的天然气水合物开采还会带来海洋生态问题。

(1)进入海水中的甲烷会影响海洋生态。甲烷进入海水中后会发生较快的微生物氧化作用,影响海水的化学性质。甲烷气体如果大量排入海水中,其氧化作用会消耗海水中大量的氧气,使海洋形成缺氧环境,一些喜氧生物群落会萎缩,甚至出现物种灭绝;另一方面,它还会使海水中的二氧化碳含量增加,造成生物礁退化,海洋生态平衡遭到破坏。

(2)进入海水中的甲烷量如果特别大,还可能造成海水汽化和海啸,甚至会产生海水动荡和气流负压卷吸作用,严重危害海面作业甚至海域航空作业。

3)突变问题

开采过程中天然气水合物的分解还会产生大量的水,释放岩层孔隙空间,降低岩石的内摩擦力,在地震波、风暴波或人为扰动下,降低岩石强度,以至于在海底天然气水合物稳定带内的岩层中形成统一的破裂面而引起海底滑坡或泥石流,使天然气水合物富存区地层的固结性变差,引发地质灾变。海洋天然气水合物的分解则可能导致海底滑塌事件。据科学家猜测,8000 年前挪威大陆边缘 5600 km^3 沉积物向挪威海盆滑动 800 km,可能是气体水合物突然释放引起的。

近年来的研究发现,因海底天然气水合物分解而导致陆坡区稳定性降低是海底滑塌事件产生的重要原因。钻井过程中如果引起天然气水合物大量分解,还可能导致钻井变形,从而加大海上钻井平台的风险。

2. 开采难度大

天然气水合物呈固态,不会像石油开采那样自喷流出。如果把它从海底一块块搬出,在从海底到海面的运送过程中,甲烷就会挥发殆尽,同时还会给大气造成巨大危害。

由于天然气水合物的储存深度浅,多分布在陆地表面以下 2000 m 或海床下方 1100 m 深的范围以内,所以,一旦发生海水水面下降或海水温度升高等地质事件而出现减压或升温的效应,则可造成天然气水合物稳定带的底部位置向上而变浅。同时,位于新的稳定带底部下方原有的天然气水合物会发生分解,产生的高压流体会储聚在新稳定带底部下方而形成地层结构弱带。一旦受到后期的重力或地震作用,就可能引发海床崩陷或滑移,并释放出大量的甲烷。如果甲烷进入大气,就会导致大气中甲烷的比率骤增,改变大气圈原有辐射性质,进而严重影响全球气候。如果海床崩陷或滑移的规模足够大,还会产生海啸。

10.2　各国对天然气水合物的开发

1960 年,苏联在西伯利亚发现了天然气水合物,并于 1969 年投入开发。美国于 1969 年开始实施天然气水合物调查,1998 年把天然气水合物作为国家发展的战略能源列入国家级长远计划。日本开始关注天然气水合物是在 1992 年,但最先挖出天然气水合物的是德国。

2000 年开始,天然气水合物的研究与勘探进入高峰期,世界上至少有 30 多个国家和地区参与其中。其中以美国的计划最为完善,美国每年用于天然气水合物研究的财政拨款达上千万美元。

为开发这种新能源,国际上成立了由 19 个国家参与的地层深处海洋地质取样研究联合机构,有 50 个科技人员驾驶着一艘装备有先进实验设施的轮船从美国东海岸出发进行海底天然气水合物勘探。这艘天然气水合物勘探专用轮船的 7 层船舱都装备着先进的实验设备,是当今世界上唯一的一艘能从深海下岩石中取样的轮船,船上装备有能用于研究沉积层学、古人种学、岩石学、地球化学、地球物理学等实验设备。典型的开采研究实例有麦索亚哈气田天然气水合物的开采,麦肯齐三角洲地区天然气水合物试采集和阿拉斯加北部斜坡区天然气水合物开采试验。

麦索亚哈气田发现于 20 世纪 60 年代末,是第一个也是迄今为止唯一一个对天然气水合物进行了商业性开采的气田。该气田位于西伯利亚西北部,气田区常年冻土层厚度大于 500 m,具有天然气水合物赋存的有利条件。麦索亚哈气田为常规气田,气田中的天然气透过盖层发生运移,在有利的环境条件下,在气田上方形成了天然气水合物层。该气田的天然气水合物首先是经由减压途径无意中得以开采的。通过开采天然气水合物藏之下的常规天然气,致使天然气水合物层压力降低,天然气水合物发生分解。后来,为了促使天然气水合物的进一步分解,维持产气量,特意向天然气水合物藏中注入了甲醇和氯化钙等化学抑制剂。

麦肯齐三角洲地区位于加拿大西北部,地处北极寒冷环境,具有天然气水合物生成与保存的有利条件。该区天然气水合物研究具有悠久的历史。早在 1971—1972 年间,在该区钻探常规勘探井 Mallik L238 井时,在永冻层 800～1100 m 井段发现了天然气水合物存在的证据;1998 年专为天然气水合物勘探钻探了 Mallik 2L238 井,该井于 897～952 m 井段发现了天然气水合物,并采出了天然气水合物岩心。2002 年,在麦肯齐三角洲地区实施了一项举世关注的天然气水合物试采研究。该项目由加拿大地质调查局、日本石油公团、德国地球科学研究所、美国地质调查局、美国能源部、印度燃气供给公司、印度石油与天然气公司等 5 个国家 9 个机构共同参与投资,是该区有史以来的首次天然气水合物开采试验,也是世界上首次这样大规模地对天然气水合物进行国际性合作试采的研究。

美国阿拉斯加北部普拉德霍湾即库帕勒克河地区,位于阿拉斯加北部斜坡地带。1972 年阿科石油公司和埃克森石油公司在普拉德霍湾油田钻探常规油气井时于 664～667 m 层段采出了天然气水合物岩心。其后在阿拉斯加北部斜坡区进行了大量天然气水合物研究。在此基础上,2003 年在该区实施了一项引人注目的天然气水合物试采研究项目。目标是钻探天然气水合物研究与试采井——热冰 1 井,这是阿拉斯加北部斜坡区专为天然气水合物研究和试采而钻的第一口探井。根据制定的国家计划,美国将在 2015 年实现天然气水合物商业性开采。

日本是一个资源短缺的国家,迫于发展需求,急于改变能源依赖他人局面的日本把目光投向了海底沉睡的"能源水晶"——天然气水合物。在日本附近平静的太平洋海面下 1000 m,数以亿吨的天然气水合物正等待被人们利用。日本认为,如果这些资源能为日本所用,将大大改善它依赖从中东和印尼进口能源的困境。据初步估算,这些"可燃烧的冰块"可供日本全国 14 年之用。在本州岛海岸线 50 公里外,科学家们发现了一条蕴藏量惊人的海沟:在海沟里的甲烷呈水晶状,大约有 500 m 厚,总量达 40 万亿立方米。日本科学家们表示将尽快拿出合适的方案开采这些被遗忘的资源。

相比日本,拥有广袤海洋资源的加拿大可谓在这方面先行一步。他们通常采用"降压"的方法开采此类冰冻资源,即先在冰层中打许多很深的孔,然后借助大量抽水机降低打孔带来的重压,从而让有用的甲烷气体从海水中分离出来,慢慢浮至人力便于提取的深度。日本、加拿大两国科学家合作,采用这个办法开采本州岛附近海域发现的资源。日本经济产业省 2001 年 7 月发布过一个为期 18 年的天然气水合物开发计划,目前正处于该计划的第二阶段。在这个阶段,最主要的活动是在日本周边海域进行两次生产试验。如果试验成功,日本有望从 2018 年开始对天然气水合物实现商业性开采。

在开发这些未明资源的同时,有一个关键问题必须应对:环境保护。比如,在"降压"方法的第三个步骤,降压让大量的甲烷气体慢慢浮上海面,这些温室气体的出现会对全球气温造成什么样的影响还不得而知。这还是开采成功后的顾虑,在开采过程中还会有许多未知威胁。科学家们提醒在开采中必须警惕海底的海沟崩塌。表面平静的海洋底部究竟在进行着哪些变化,人们还没有完全搞清楚。

10.3　我国天然气水合物开发策略

作为世界上最大的发展中的海洋大国,我国能源短缺问题十分突出。我国的油气资源供需差距很大,1993年我国已从油气输出国转变为净进口国,到2010年我国原油与成品油进口量达27619.1万吨,而出口量为1834万吨,净进口数量达到257885.1万吨。从我国石油的进口贸易情况来看,我国石油进口量不断增长,自2001年的8163.2万吨迅速增长到2010年的27619.1万吨,2010年比2001年增长了122.4%,年平均增长率为23.8%,从目前的趋势看,我国的石油进口量还会进一步增长;另一方面,我国石油的净进口量,自2008年的17926.4万吨迅速增长到2010年的18860.6万吨,2010年比2008年增长率5.2%。2005年我国石油进口量约占世界石油贸易量的6.8%,我国已经成为继美国、日本之后的第三大石油进口国,如今我国超过日本,成为继美国之后的第二大石油进口国。因此,我国急需开发新能源以满足我国经济的高速发展需要。海底天然气水合物资源丰富,其上游的勘探开采技术可借鉴常规油气,下游的天然气运输、使用等技术都很成熟。因此,加强天然气水合物调查评价是贯彻实施党中央、国务院确定的可持续发展战略的重要措施,也是开发我国21世纪新能源、改善能源结构、增强综合国力及国际竞争力、保证经济安全的重要途径。

我国对海底天然气水合物的研究与勘查已取得了一定进展,在南海西沙海槽等海区已相继发现存在天然气水合物的地球物理标志,这表明我国海域也分布有天然气水合物资源。

我国已发现世界上规模最大的天然气水合物存在重要证据的"冷泉"碳酸盐岩分布区,其面积约为430平方公里。

该分布区为中德双方联合在我国南海北部陆坡执行"太阳号"科学考察船合作开展的南中国海天然气水合物调查中首次发现。"冷泉"碳酸盐岩的形成被认为与海底天然气水合物系统和生活在"冷泉"喷口附近的化能生物群落的活动有关。此次科考期间,在南海北部陆坡东沙群岛以东海域发现了大量的自生碳酸盐岩,其水深范围分别为550~650 m和750~800 m,海底电视观察和电视抓斗取样发现,海底有大量的管状、烟囱状、面包圈状、板状和块状的自生碳酸盐岩产出,它们或孤立地躺在海底上,或从沉积物里突兀地伸出来,来自喷口的双壳类生物壳体呈斑状散布于其间,巨大碳酸盐岩建造体在海底屹立,其特征与哥斯达黎加边沿海和美国俄勒冈外海所发现的"化学礁"类似,而规模却更大。

中德科学家一致建议,借距工作区最近的中国香港九龙的名谓,将该自生碳酸盐岩区中最典型的一个构造体命名为"九龙甲烷礁",其中"龙"字代表中国,"九"代表多个研究团体的合作。

我国在南海、青藏高原冻土带先后发现天然气水合物,其中我国作为第三大冻土大国,具备良好的天然气水合物赋存条件和资源前景。据科学家粗略估算,远景资源量至少有 350 亿吨油当量。

虽然开发利用前景广阔,但短期内天然气水合物的开采瓶颈难以突破。

天然气水合物勘探开发是一个系统工程,涉及海洋地质、地球物理、地球化学、流体动力学、钻探工程等多个学科。广州海洋地质调查局专家说,大力开展天然气水合物勘探开发研究,可带动相关产业发展,形成新的经济增长点。

业内分析人士指出,尽管我国天然气水合物勘探研究起步较晚,但在海域天然气水合物勘探和实验合成等领域已经与世界保持同步,在某些方面还形成了自己的技术特色,在天然气水合物纳入能源规划的大背景下,提早获得开采技术突破的可能性应该存在。

天然气水合物是极具开发价值的能源,同时在开发过程中也面临很多挑战,为此,可从以下几个方面着手应对。

1. 制定开发战略,将天然气水合物开发纳入国家规划

2011 年 3 月 15 日,天然气水合物纳入"十二五"能源发展规划,加快、加强勘探和科学研究,以便为未来开发利用奠定基础。

无论是国土资源部,还是国家能源局,对天然气水合物的态度都日渐明确。作为一种新型能源,天然气水合物纳入"十二五"能源发展规划更多的是侧重于勘探和科学研究。

数据显示,"十一五"期间,全国油气勘探投入 2750 多亿元,平均每年 550 亿元,较"十五"期间翻番;同期页岩气、砂岩气、天然气水合物等非常规油气资源勘查速度进一步加快,而"十二五"期间,相关工作将更上一层楼。

按照战略规划的安排,2006—2020 年是调查阶段,2020—2030 年是开发试生产阶段,2030—2050 年,我国天然气水合物将进入商业化生产阶段。

2. 加强国际合作

迄今为止,全球至少有 30 个国家和地区在进行天然气水合物的研究与调查勘探。各国在天然气水合物的开发中也取得了一定的成果,获得了相应的经验。日本就和加拿大以及美国进行了合作开发,我们也可以借鉴。他山之石可以攻玉,加强和他国的合作,才能让我们在天然气水合物的开发过程中走得更稳、更快。

3. 寻找合适的开采方法

1) 传统的开采方法

(1) 热激发开采法是直接对天然气水合物层进行加热,使天然气水合物层的温度超过其平衡温度,从而促使天然气水合物分解为水与天然气的开采方法。这种方法经历了直接向天然气水合物层中注入热流体加热、火驱法加热、井下电磁加热以及微波加热等发展历程。热激发开采法可实现循环注热,且作用方式较快。加热方式的不断改进,促进了热激发开采法的发展。但这种方法至今尚未很好地解决热利用效率较低的问题,而且只能进行局部加热,因此该方法尚有待进一步完善。

(2)减压开采法是一种通过降低压力促使天然气水合物分解的开采方法。减压途径主要有两种:一是采用低密度泥浆钻井达到减压目的;二是当天然气水合物层下方存在游离气或其他流体时,通过泵出天然气水合物层下方的游离气或其他流体来降低天然气水合物层的压力。减压开采法不需要连续激发,成本较低,适合大面积开采,尤其适用于存在下伏游离气层的天然气水合物藏的开采,是天然气水合物传统开采方法中最有前景的一种技术。但它对天然气水合物藏的性质有特殊的要求,只有当天然气水合物位于温压平衡边界附近时,减压开采法才具有经济可行性。

(3)化学试剂注入开采法通过向天然气水合物层中注入某些化学试剂,如盐水、甲醇、乙醇、乙二醇、丙三醇等,破坏天然气水合物藏的相平衡条件,促使天然气水合物分解。这种方法虽然可降低初期能量输入,但缺点很明显,它所需的化学试剂费用昂贵,对天然气水合物层的作用缓慢,而且还会带来一些环境问题,所以目前对这种方法投入的研究相对较少。

2)新型开采方法

(1)CO_2 置换开采法首先由日本研究者提出。在一定的温度条件下,天然气水合物保持稳定需要的压力比 CO_2 水合物更高。因此在某一特定的压力范围内,天然气水合物会分解,而 CO_2 水合物则易于形成并保持稳定。如果此时向天然气水合物藏内注入 CO_2 气体,CO_2 气体就可能与天然气水合物分解出的水生成 CO_2 水合物。这种作用释放出的热量可使天然气水合物的分解反应得以持续地进行下去。

(2)固体开采法最初是直接采集海底固态天然气水合物,将天然气水合物拖至浅水区进行控制性分解。这种方法进而演化为混合开采法或称矿泥浆开采法。该方法的具体步骤是,首先促使天然气水合物在原地分解为气液混合相,采集混有气、液、固体水合物的混合泥浆,然后将这种混合泥浆导入海面作业船或生产平台进行处理,促使天然气水合物彻底分解,从而获取天然气。

主要参考文献

[1] 陈万平.我国海洋权益的现状与维护海洋权益的策略[J].太平洋学报,2009,
     (5):68-72.

[2] 杨金森.大海洋政治、经济和环境问题综述[J].海洋开发与管理,1997,(2):
     26-27.

[3] 朱念.波浪发电的转换机理及开发前景[J].新能源,1996,18(3):33-36.

[4] 蒋秋飚,鲍献文,韩雪霜.我国海洋能研究与开发述评[J].海洋开发与管理,
     2008,(12):22-29.

[5] 张耀光.中国边疆地理(海疆)[M].北京:科学出版社,2001.

[6] 寇丽丽,孙向红.海洋资源的开发利用和环境保护问题的探讨[J].气象水文海
     洋仪器,2002(2):5-11.

[7] 李允武.海洋能源开发[M].北京:海洋出版社,2008.

[8] 沈祖诒.潮汐电站[M].北京:中国电力出版社,1998.

[9] 褚同金.海洋能资源开发与利用[M].北京:化学工业出版社,2005.

[10] 黄祖珂,黄磊.潮汐原理与计算[M].青岛:中国海洋大学出版社,2005.

[11] 魏青山.我国海洋能开发的现状、问题和建议[EB/OL].http://www.serc.
      gov.cn/jgyj/ztbg/201008/W020100804487520757558.pdf,2010-08-04/2012-
      04-05.

[12] 中国潮汐能资源[EB/OL].http://www.china5e.com/show.php? contentid
      =45147,2006-09-02/2012-04-05.

[13] 明晓.潮汐与军事[J].科学与文化,2006,(2):20.

[14] 王传昆.我国海洋能资源开发现状和战略目标及对策[J].动力工程,1997,17
      (5):72-78.

[15] 李书恒,郭伟,朱大奎.潮汐发电技术的现状与前景[J].海洋科学,2006,30
      (12):82-86.

[16] 刘颖,高辉,施鹏飞.近海风电场发展的现状、技术、问题和展望[J].中国风能,
      2006,(3):41-46.

[17] 董胜,孔令双.船舶与海洋工程环境概论[M].青岛:中国海洋大学出版
      社,2005.

[18] [波]R.柯林斯基等著.海洋矿物资源[M].熊传治,邹伟生译.北京:海洋出版
      社,2001.

[19] 焦永芳,刘寅立.海浪发电的现状及前景展望[J].中国高新技术企业,2010,12

(147):89-90.

[20] 张勇,崔蓓蓓,邱宇晨.潮流发电——一种开发潮汐能的新方法[J].能源技术,2009,30(4):223-227.

[21] 戴庆忠.潮流能发电及潮流能发电装置[J].东方电机,2010(2):51-66.

[22] 曾一非.海洋工程环境[M].上海:上海交通大学出版社,2007.

[23] 姚泊,张骥,李华海.海洋环境概论[M].北京:化学工业出版社,2007.

[24] 纪娟,胡以怀,贾靖.海水盐差发电技术的研究进展[J].能源技术,2007,28(6):336-342.

[25] 常虹.维护我国的海洋环境权益的法律分析及对策探讨[EB/OL].http://www.lw3721.com/article/html/72538.html,2010-02-21/2012-04-05.

[26] 中国海洋灾害公报 2001—2010[EB/OL].http://www.coi.gov.cn/gongbao/zaihai.

[27] 周名江,朱明远."我国近海有害赤潮发生的生态学、海洋学机制及预测防治"研究进展[J].地球科学进展,2006,21(7):673-679.

[28] 戎晓洪.潮汐能发电的前景[J].中国能源,2002(5):56-59.

[29] 戴慧珠等.中国风电发展现状及有关技术服务[J].中国电力,2005,38(1):80-84.

[30] 张志勇.利用波浪发电装置的新途径[J].水工建设.1992,(8):8-12.

[31] 李晓英.海洋可再生能源发展现状与趋势[J].四川水力发电,2005,24(6):113-116.

[32] 崔木花,董普,左海凤.我国海洋矿产资源的现状浅析[J].海洋开发与管理,2005,(5):16-21.

[33] 刘伯羽,李少红,王刚.盐差能发电技术的研究进展[J].可再生能源,2010,28(2):141-144.

[34] 严丽.海洋矿物资源及其获取技术简介[J].黑龙江冶金,2004,(3):46-48.

[35] 金翔龙,初凤友.大洋海底矿产资源研究现状及其发展趋势[J].东海海洋,2003,21(1):1-4.

[36] 祝有海,吴必豪,卢振权.中国近海天然气水合物找矿前景[J].矿床地质,2001,20(2):174-180.

[37] 吴文惠,许剑锋,刘克海,等.海洋生物资源的新内涵及其研究与利用[J].科技创新导报,2009,(29):98-99.

[38] 秦松,丁玲.专家论海洋生物基因资源的研究与利用[J].生物学杂志,2006,23(1):1-5.

[39] 黄鹤忠.海洋生物学[M].苏州:苏州大学出版社,2000.

[40] 傅秀梅,王长云.海洋生物资源保护与管理[M].北京:科学出版社,2008.

[41] 徐祥民.海洋环境的法律保护研究[M].青岛:中国海洋大学出版社,2006.

[42] 周晨.我国海洋资源法体系的不足及完善[J].中国海洋大学学报,2005,(5):18-20.

[43] 张海文.联合国海洋法公约释义集[M].北京:海洋出版社,2006.

[44] 李培志.我国海上综合执法存在的问题及缺陷[J].公安教育,2004,(3):31-35.

[45] 唐启升,苏纪兰.海洋生态系统动力学研究与海洋生物资源可持续利用[J],地球科学进展,2001,16(1):5-11.

[46] 张福绥.近现代中国水产养殖业发展回顾与展望[J].世界科技发展与展望,2003,(6):5-13.

[47] 张建辉,夏新,刘雪芹,等.赤潮研究的现状与展望[J].中国环境监测,2002,18(2):20-25.

[48] 黄良民,黄小平,宋星宇,等.我国近海赤潮多发区域及其生态学特征[J].生态科学,2003,(3):62-66.

[49] 刘令梅.赤潮的监测技术和防治措施[J].海洋技术,1998,(3):58-65.

[50] 宋玉春.可燃冰托起全球能源新梦想[J].中国石油和化工,2007,(8):22-25.

[51] 赵生才.可燃冰稳定性及其环境效应[J].科学中国人,2001,(4):32-33.

[52] 王立彭,张斌.浅析海洋生物资源可持续发展[J].2008,8(3):186-188.

[53] 宋海斌,樊栓狮,耿建华,等.天然气水合物——封存在海底的潜在能源[J].海洋世界,2007,(3):30-34.

[54] 杨木壮,梁金强,郭依群.天然气水合物调查研究方法和技术[J].海洋地质动态,2001,17(7):14-19.

[55] 陈月明,吴健.天然气水合物(可燃冰)开采方案探讨[J].能源技术与管理,2009,(6):256-258.

[56] 冯丹,李选民.新型能源——可燃冰的研发现状[J].能源技术与管理,2009,(6):113-117.

[57] RAMSDELL J S,ANDERSON D M,GLIBERT P M. Harmful algal research and response:a national environmental science strategy 2005-2015 [S]. Washington DC:Ecological Society of America,2005:96.

[58] LANDSBERG J H. The effects of harmful algal blooms on aquatic organisms [J]. Reviews in Fisheries Science,2002,10(2):1132390.

[59] GLIBER T P,PITCHER G. Global ecology and oceanography of harmful algal blooms,science plan [M]. Baltimore and Paris:SCOR and IOC,2001:86.

[60] Kausihan S. (2007)Individual Pitch Control for Large Scale Wind Turbines:Multivariable Control Approach. ECN-E-07-053.

[61] Hegberg T,et al. (2004)Turbine Interaction in Large Offshore Wind Farms,

Atmospheric Boundary Layer above a Wind Farm, ECN-C-04-03.

[62] Hans B, et al. (2005) Samsoe Offshore Wind Park-2 Years Status [J]. Presentation on Copenhagen Offshore Wind.

[63] Garrod Hassan & Partners, et al. (2001) Offshore Wind Energy Ready to Power a Sustainable Europe-Concerted Action on Offshore Wind Energy in Europe Supported by the European Commission, Final Report.

[64] Corten G P, et al. (2004) Turbine Interaction in Large Offshore Wind Farms: Wind Tunnel Measurements, ECN-C-04-048.

[65] Bernhard L, Jrgen H (2001) Evaluation of the wind resource estimation program WASP for offshore application[J]. Journal of Wind Engineering and Industrial Aerodynamics, 89:271-291.